U0272819

荆楚文库编纂出版委员会
华中科技大学出版社

湖北地震史料汇考（修订版）

HUBEI DIZHEN SHILIAO HUIKAO(XIUDINGBAN)

图书在版编目（CIP）数据

湖北地震史料汇考 / 湖北地震史料汇考编辑室编，熊继平主编 .—2 版（修订本）.—武汉：华中科技大学出版社，2018.1

ISBN 978-7-5680-3484-5

Ⅰ．①湖…

Ⅱ．①湖… ②熊…

Ⅲ．①地震灾害－史料－汇编－湖北

Ⅳ．① P316.263

中国版本图书馆 CIP 数据核字（2017）第 302168 号

策划编辑：李东明

责任编辑：李东明

整体设计：范汉成　曾显惠　思　蒙

责任校对：何　欢

责任印制：周治超

出版发行：华中科技大学出版社（中国·武汉）

地址：武汉市东湖新技术开发区华工科技园

电话：(027)81321913　邮政编码：430223

录　排：华中科技大学惠友文印中心

印　刷：湖北新华印务有限公司

开　本：720 mm×1000 mm　1/16

印　张：18.75　插页：8

字　数：278 千字

版　次：1986 年 6 月第 1 版

2018 年 1 月第 2 版　2018 年 1 月第 1 次印刷

定　价：118.00 元

ISBN 978-7-5680-3484-5

湖北省地震历史资料工作小组

组　　长:柳　佑

副 组 长:张海云　熊继平　余　魁

组　　员:陈庆中　李仲钧　舒光炳　孙启康　张博誉

赵　慧　李国祥　徐卓民　余永毓　丁忠孝

《湖北地震史料汇考》编辑室

主　　编:熊继平

编　　辑:丁忠孝　吴玉森

特约编辑:刘锁旺

《湖北地震史料汇考》修订版

主　　编:饶扬誉

编　　辑:黄　清　付燕玲

出版说明

湖北乃九省通衢，北学南学交会融通之地，文明昌盛，历代文献丰厚。守望传统，编纂荆楚文献，湖北渊源有自。清同治年间设立官书局，以整理乡邦文献为旨趣。光绪年间张之洞督鄂后，以崇文书局推进典籍集成，湖北乡贤身体力行之，编纂《湖北文征》，集元明清三代湖北先哲遗作，收两千七百余作者文八千余篇，洋洋六百万言。卢氏兄弟辑录湖北先贤之作而成《湖北先正遗书》。至当代，武汉多所大学、图书馆在乡邦典籍整理方面亦多所用力。为传承和弘扬优秀传统文化，湖北省委、省政府决定编纂大型历史文献丛书《荆楚文库》。

《荆楚文库》以“抢救、保护、整理、出版”湖北文献为宗旨，分三编集藏。

甲、文献编。收录历代鄂籍人士著述，长期寓居湖北人士著述，省外人士探究湖北著述。包括传世文献、出土文献和民间文献。

乙、方志编。收录历代省志、府县志等。

丙、研究编。收录今人研究评述荆楚人物、史地、风物的学术著作和工具书及图册。

文献编、方志编录籍以 1949 年为下限。

研究编简体横排，文献编繁体横排，方志编影印或点校出版。

《荆楚文库》编纂出版委员会

2015 年 11 月

1856年6月10日咸丰大路坝地震遗迹照片

“地大震，大路坝独甚，山崩十余里……”照片为地震堰塞坝遗址全貌，

右侧为地震堰塞坝。坝长1.5千米，高50～70米，顶宽100多米 （韩晓光提供）

1856年6月10日咸丰大路坝地震遗迹照片

山石崩填老窖溪而形成2.74平方千米的地震堰塞湖，
蓄水量约6 000万立方米，照片为地震堰塞湖之一角

在大路坝以北6千米处的另一个地震堰塞湖
——汪大海，长2千米，宽约60米，水深20米

1856年6月10日咸丰大路坝地震遗迹照片

活龙坪一带,有9处巨型山崩。照片为大石板的两条地震裂缝,其中一条长100米

活龙坪大园子覃家,原有木斗结构房屋20余间,震后残存2间

1856年6月10日咸丰大路坝地震遗迹照片

坐落在尖山的明代土司皇城，地震时房屋倒塌，石牌坊尚存，但牌坊顶部的石花雕被震脱榫，石柱的石雕构件错动

唐崖镇燕朝附近的三座古墓碑之一，地震时横梁折断，部件错位

1856年6月10日咸丰大路坝地震遗迹照片

渡名兩河口，依古志也。在這兩溪之水到此会合。故以兩河口名。河下十
里許，有山名轿顶山，因咸丰六年地震而此山崩，压毙千有余人，河塞水涌，
蕩折百有餘户，即餘祠宇、醮产、田园、庐舍概被水淹。水道逆行二十余里。
此處变為深渊。往来行人被阻有日，临河而返者屡屡也。余由是於同治二年，
自板夹溪顺河依山修成垣路，直达大路垻塲，是年工竣设渡，即以此為上渡。
嘴溪沟為下渡，各造渡船一只。然設是渡非公地，不期久远，于是捐得买本乡
上排地名香樹垻談姓田土一業。並得买谭房垻及蒟园沟兩河口关山四幅，各有
契约界限，一並隙作上下渡口公地。此處立有房六间，园圃一幅，載粮一升三
合，立有罗氏义渡。業令呈稟，康主案下，批准永免其桀派，只能每年完納正
賦。其义渡田土，佃人耕种收租，每年此處议定渡夫口食粮，给大谷八京石，
邊润加增六京斗，谷按四季應給义渡。田所出谷石，给上下渡夫外，餘存培修
道路，為船坏换新之需。苟渡田歲歉，所产不敷所用，或水冲堤坏，尚冀存人
設法應用补修。至於渡夫不分雨夜，隨
渡口勤其职，即另招他人。如若取人錢
查出必议罚用。但餘令日倡兴其事，
正君子李绍白、谭文育、谈時瑞，董
代為經营。務须路坏必修，船漏必补。
明人君子秉公究理，庶使德可彰而功不

大清同治五年歲次丙寅孟

清同治二年碑文记载:“……河下十里许,有山名轿顶山,因咸丰六年地震而此山崩,压毙千有余人,河塞水涌,荡折百有余户……”本照片为复制新碑(左下小图为旧碑)

1932年4月6日麻城6.0级地震遗迹照片

黄土岗镇全貌(镜向东) (饶扬誉摄)

照片为莺(鹰)山古洞,其上古洞寺,地震时被摧毁。县志载:“山顶一庙,飞去无迹。” (饶扬誉摄)

1932年麻城6级地震震中郭家畈及莺(鹰)山尖全景(镜向北东) (饶扬誉摄自鸡山)

1932年4月6日麻城6.0级地震遗迹照片

莺(鹰)山脚下滚石至今尚存(镜向东)（饶扬誉摄）

郭家畈古井之一，地震后井水一度干涸

1932年4月6日麻城6.0级地震遗迹照片

黄土岗镇雾港河村黄家㘰某户,地震时形成穿切墙体的裂缝

郭家畈裂缝民房之一

序　言

我国是多地震的国家。地震资料的记载，存于史籍者，早而且夥，散见于地方志、诗文集、杂记、笔记者，更不计其数。湖北地处中原，交通八方，加之大工程林立，大水库密布，以是预防地震灾戾，至关重要。观今宜鉴古，发掘我国古籍宝藏，整理本省地震史料，使之为今所用，则亟宜进行。

1978年成立湖北省地震历史资料工作小组，搜集了大量地震史料，继由湖北省地震局熊继平同志主持编纂《湖北地震史料汇考》。如是所闻，我作为毕生致力于文史、方志学研究工作的一员，是非常赞同和支持这一工作的。

近读《湖北地震史料汇考》，觉其取材宏富、编排得体、汇考疏释、脉络分明，是发掘和整理史料工作的成功尝试。通观全书，纵贯二千百十余年者，既有历史文献，又有实地考察，既有宏观报告，又有微观记录，宏微交辉，图文并茂，洋洋二十万言，是本省第一部较为系统、完备、准确且具有科学价值的地震史料专著。

地震史料的整理，古人有之，如《太平御览》、《册府元龟》、《古今图书集成》等，但仅辑录类编，对谬误之处，稽核匡正者少；今人有之，如《中国地震资料年表》，其考订虽远超古人，但亦有不少失误。本书主编熊继平同志以其工作之余，精心辑录，博考异同，认真鉴别史实，合理运用史料，取前人之精英，述本人之灼见，提高了所录资料的可靠性和准确性，在继承、积累和延续本省地震史料的道路上前进了一步。

本书是研究地震活动的基础工作之一，它可为绘制新的地震危险区划和烈度区划图，制定防震抗震措施提供地震史料的科学依据。希望广大的科学工作者充分利用它，在探索地震预报，防震、抗震，减轻地震灾害，保卫本省的大城市、大工程、大水库以及人民生命财产的安全等方面发挥作用。

朱士嘉　于临湖轩

1985年6月10日

编辑说明

为配合中国地震历史资料编辑委员会总编室的工作，1978 年 7 月 22 日成立了湖北省地震历史资料工作小组，负责搜集、整理本省的地震史料。同年 12 月，由湖北省地震历史资料工作小组张海云、熊继平二同志负责组织省文史馆、省参事室余茂功、陈英武、贺觉非、马季文、宋恒青、赵致卿、黄君奇，以及武汉大学陈庆中、省地震局余永毓、省图书馆刘泽泉等 40 余位同志，对本省文献、地方志、报纸、杂志和调查资料进行了广泛查阅、辑录。

1979 年 8 月，湖北省地震局成立了《湖北地震史料汇考》编辑室。此后，在已占有资料的基础上，编辑室又花了一年多的时间走访省内外有关地、市、县各藏书单位，重新查阅和复核各种文献资料达 534 种，搜集地震资料 2 490 条，摘抄整理，汇编成册。由于卷帙浩繁，歧异较多，除了从大量文献中汇考印证，详其源流以外，还多次进行实地考察，穷搜博采，裒次故实，增补了部分资料，订正了某些错误记载。编辑工作自 1980 年起，历时 5 年得以完成。

本书采用编年体例，按原资料记载的时间顺序，统一编年。所考订的地震史料，起自公元前 143 年，止于公元 1985 年。共收录地震记载 382 条。其中文字记述，除地震考察和宏观调查报告稍加删节整理以外，其他均据原文摘录，保持本来面目。原文有破坏情况记载者，经反复辨析、稽核，对《中国地震目录》所定的地震参数，提出了某些修改意见；无破坏情况记载者，未作地震学的分析和处理。为了便于读者参阅使用，本书附录了地震史料订误、山崩地裂陷史料汇考、地震简目和地震震中分布图、地震史料分县索引。卷末编有参考文献辑要。

本书每条资料的编写顺序是：时间、地点、史料、史源，需要说明者加按。

1. 时间。依据原著所载年号和历日,列于每条之前,干支纪日者换算为日序。后附之公历,公元前至1582年,采用儒略历,1582年后采用格里历(即公历)。史料仅记月份而无记日者,换算该月起讫日期。有年无月者编入年末,有月无日者编入月末。中华人民共和国成立以后,凡地震仪器记录的发震时刻均为北京时间。

2. 地点。古地名的今地,依据历史地理学已有的成果,以括弧简注治所和今地名。史料不书具体地点者,注其行政中心,表示一个时期的大致方位。其中辖区较大者,如汉代的荆州,三国的吴都武昌,明、清的湖广,则作为泛记地震,具体地点阙疑待考。三峡地震台网建成以后,按地震仪器记录所定的地理坐标归化出具体地点。

3. 史料。选用史料,以其出处较可靠为标准,并尽可能取最早史料。大致元朝以前以正史为主,明清时期以档案、实录、正史、地方志为主,民国时期以档案、报章和调查报告为主,并分别参用其他可信的资料。中华人民共和国成立以后则以地震仪器观测资料、宏观调查报告和报纸杂志为主。同一史料联述多次地震,不便割裂者,在编录一次地震时,对另次地震记事标以(　　)号,以便识别。史料原文脱落之字用□代,误字拟改者,写在(　　)内,有疑问者,附加(?)号,宜删节者,用……号。

4. 史源(即资料出处)。一般标出书名、篇目、卷数。因地方志的新旧版本较多,除标书名、篇目、卷数以外,另加原书编纂年代和版本年代。地震调查资料和地震宏观调查报告则只写篇名、时间。属地震仪器记录者,写×××地震目录。

5. 按语。一是编者对原著地震时间、地点、破坏情况的考证以及对史实的鉴别和史料的取舍所作的注释;二是经过调查、访问和实地考察所获得资料的记述。此外,关于州、府辖区罗列,仅是为了反映各时期地方行政建置变化的背景,并非地震影响范围。

在整个工作过程中,承蒙中国地震历史资料编辑委员会总编室的热情支持和具体指导。辽宁省、吉林省、江苏省和上海市地震历史资料工作小组代查了部分资料。湖北省有关地、市、县科委,长江流域规划办公室三峡区勘测大队地震地质队，省图书馆，省博物馆，武汉大学图书馆，武汉、荆州、宜昌、襄樊等地、市、县图书馆，以及北京、天津、上海、杭州、宁波、南京、南昌等市各藏书单位，提供了大量文献资料。水电部丹江口水利枢纽管理局库管处，郧阳、宜昌、荆州地区地震工作办公室，宜昌、嘉鱼、咸丰、竹溪等县科委的一些同志，曾到现场访问、考察，为我们做了大量的艰辛工作。1985年5月，在本书初稿审议会上，著名方志学家、省文史研究馆馆长、教授朱士嘉，著名地质学家、省地质矿产局顾问、高级工程师夏湘蓉，武汉大学教授石泉，华中师范大学教授景才瑞等30多位专家、学者对本书提出了宝贵意见。编者谨向上述各单位的同志们表示诚挚的感谢。

由于地震史料的复杂性和我们工作中的疏漏，本书难免存在不少缺陷和错误，敬请读者和有关专家指正。

编　者

1986年2月20日

目　　录

西汉—元朝

（公元前 143 年—1367 年）

汉景帝后元年五月初九日（公元前 143 年 6 月 10 日）

上庸（治所在今竹山县西南）

〔后元年五月丙戌〕地动，其蚤食时复动。上庸地动二十二日，坏城垣。

《史记·景帝纪》卷十一

【按】

《史记·汉兴以来将相名臣年表》、《汉书·景帝纪》作："后元年五月丙戌，地动"，未言具体地点，是泛记京师（长安）地震。《史记·景帝纪》明确记载"上庸地动二十二日，坏城垣"，可见这次地震震中在上庸，波及京师长安。上庸，古县名，本庸国，春秋楚置县。秦属汉中郡。西汉为汉中郡之上庸县及武陵县（今竹溪县）东界地。上庸县故址，据《辞海·历史地理》注，在今湖北竹山县西南。1975 年中华地图学社《中国历史地图集》将其确定在竹山县西南田家坝。

李善邦《中国地震目录》作："前 143 年 6 月（汉景帝后元年五月丙戌）在竹山（北纬 32.2°、东经 110.2°）发生 5 级地震，震中烈度Ⅵ度。极震区：上庸。坏城垣。连震二十二日。注：今竹溪、竹山均为秦汉时上庸县地。上庸故城在今竹山县东四十里。"据上文，上庸故城如在今竹山县东 20 千米，则已超出了上庸县（今竹山县）境而进入了房陵县（今房县）地。据考订，改为竹山县西南田家坝（北纬 32°12′、东经 110°09′）。

嘉庆《郧阳府志》误作："汉文帝后元五年五月上庸地震二十五日城坏（旧志）。"嘉庆《郧阳志补》、《竹山县志》，道光《竹溪县志》，同治《郧阳志》、《郧阳府志》、《竹溪县志》、《竹山县志》沿误。中央地震工作小组办公室《中国地震目录》据此误作:“前 159 年 6 月(汉文帝后元五年五月)在竹山(北纬 32.2°、东经 110.4°)发生 5 级地震,震中烈度Ⅵ度。地震情况:上庸地震五日,城坏。注:上庸故城在今竹山县东四十里。”

乾隆《竹山县志》误作:“汉景帝三年上庸地震,城垣坏。”嘉庆《竹山县志》、《郧阳志补》,道光《竹溪县志》,同治《郧阳志》、《郧阳府志》、《竹溪县志》、《竹山县志》沿误。中央地震工作小组办公室《中国地震目录》据此误作:“前 154.——(汉景帝三年)在竹山(北纬 32.2°、东经 110.4°)发生 5 级地震,震中烈度Ⅵ度。地震情况:上庸地震,城垣坏。”

东汉光武帝建武二十二年九月初五日(公元 46 年 10 月 23 日)

春陵(今枣阳市南)

〔建武二十二年九月〕春陵地裂。

乾隆《新野县志·祥异》卷八,乾隆十九年刻本

【按】

以上所记地震为公元 46 年 10 月 23 日河南南阳(北纬 33.0°、东经 112.5°)6 $\frac{1}{2}$ 级地震波及。

东汉献帝建安十四年十月(公元 209 年 11 月 15 日—12 月 14 日)

荆州(治襄阳)

〔建安十四年冬十月〕荆州地震。

《后汉书·献帝纪》卷九

【按】

西汉荆州刺史治所无常,东汉荆州治武陵之汉寿(今湖南常德东北),至献帝初平元年(190 年),刘表领荆州刺史徙治南郡襄阳(见《后汉书·刘表传》卷七十四)。当时,荆州领郡七:南阳(治宛,今河南南阳)、南郡(治江

陵）、江夏（治西陵，今武汉新洲）、零陵（治泉陵，今湖南零陵）、桂阳（治郴，今湖南郴州）、武陵（治临沅，今湖南常德）、长沙（治临湘，今湖南长沙）。其州境，当今湖北、湖南二省大部分及河南省一部分之地。建安十三年（208年），曹操率领大军南下，刘表之少子刘琮举荆州降。同年秋，赤壁战后，曹操、刘备、孙权三分荆州。北境属曹，西境属刘，东境、南境属孙。荆州治所南北双立。南为江安（今公安），北仍为襄阳。《后汉书·献帝纪》所记之荆州，应当是北荆州，其治所在襄阳。这次地震，是泛记襄阳地震。

光绪《江陵县志》作："东汉光武帝建武十四年冬十月荆州地震。"查《后汉书》建武十四年十月无荆州地震记载。

三国吴大帝黄武四年（公元225年）

吴（都武昌，今鄂州市）

〔吴孙权黄武四年〕是岁地连震。

《三国志·吴书·吴主权》卷四十七

【按】

《建康实录·吴太祖》曰：黄武四年"秋七月，皖口言木连理，又地连震"。疑其出自《三国志·吴书·吴主权》。《三国志》曰："六月以太常顾雍为丞相。皖口言木连理。冬十二月……，是岁地连震。"《实录》可能省去"冬十二月"四字，径与下文"地连震"相接。又《宋书·五行志》作"江东地连震"，似从《三国志》推衍而来。公元221年，吴孙权自江安（今公安）徙鄂县（今鄂州市），改鄂县为武昌。修武昌城（故址在今鄂州市凤凰街百子畈附近）。次年受尊号，改元"黄武"，都此。黄龙元年（公元229年）还都建业。这次地震，是泛记吴都武昌地震。

晋惠帝元康四年二月（公元294年3月14日—4月12日）

上庸郡(治上庸,今竹山县西南)

〔元康四年二月〕上谷、上庸、辽东地震。

《宋书・五行志》卷三十四

《晋书・五行志》卷二十九

【按】

以上所记地震,《晋书・惠帝纪》未载。上庸郡,东汉建安中分汉中郡置。晋上庸郡仍治上庸(今竹山西南田家坝)。辖境相当今竹山、竹溪及陕西平利县地。

晋孝怀帝永嘉三年十月(公元309年11月19日—12月17日)

荆州(治江陵,今荆州市荆州区)

〔永嘉三年十月〕荆、湘二州地震。

《宋书・五行志》卷三十四

《晋书・五行志》卷二十九

〔永嘉三年九月(?)〕李雄别帅罗羡以梓潼归顺,刘聪攻洛阳西明门,不克。宜都夷道山崩,荆、湘二州地震。

《晋书・孝怀帝纪》卷五

【按】

据《资治通鉴》卷八十七,刘聪攻洛阳在十月,梓潼降为十月。《晋书・五行志》、《宋书・五行志》记山崩、地震亦为十月。本纪作九月,误。晋荆州治江陵,统郡二十二。永嘉元年以后,在湖北者计有:江夏郡(治安陆)、随郡(治随,今随州)、襄阳郡(治襄阳)、顺阳郡(治酇,今老河口东)、竟陵郡(治石城,今钟祥)、成都郡(王国,治华容,今潜江西南)、南郡(治江陵)、南平郡(治江安,今公安)、建平郡(治秭归)、宜都郡(治夷道,今宜都)。《宋书・州郡志》作:湘州,晋怀帝永嘉元年,分荆州之长沙、衡阳、湘东、邵陵、零陵、营阳、建昌、江州之桂阳八郡立,治临湘(今长沙)。荆州、湘州接壤,所记荆、湘二州地震,震中是否在宜都?待考。

东晋元帝太兴元年十二月(公元319年1月8日—2月5日)

西陵(治今蕲春县西)、**武昌**(治今鄂州市)

〔太兴元年十二月〕庐陵、豫章、武昌、西陵地震,涌水出,山崩。

《宋书·五行志》卷三十四

《晋书·五行志》卷二十九

〔太兴元年十二月〕武昌地震。

《晋书·元帝纪》卷六

【按】

《晋书·五行志》山崩地陷裂项内又载:"太兴元年二月,庐陵、豫章、武昌、西阳地震、山崩。"查《宋书·五行志》山崩地陷裂项内无此记载,疑二月前漏一"十"字,"西阳"为"西陵"之误。据《晋书·地理志》,西阳、西陵均为县,同属弋阳郡。西阳县在今河南光山县西,晋武帝太康十年(公元289年)封汝南王司马亮的儿子羕为西阳公,惠帝改封西阳郡王居此县。永嘉乱后,县并移置故邾城上游五里,元帝南渡后,西阳王羕以罪废,国除,改为西阳郡。西阳郡(治西阳,今黄冈东)领县四:西阳、轪(侨置于今浠水、巴水间)、蕲春、西陵(县域在浠、蕲两水间地)。此次地震,震中是否在西陵(今蕲春县西)? 待考。

乾隆《东湖县志》作:"元帝太兴元年四月西陵地震山崩(《宋书》)。"查对《宋书·五行志》,原文是:"元帝太兴元年四月,西平地震,涌水出。十二月庐陵、豫章、武昌、西陵地震山崩。"该县志引用《宋书》漏掉"十二月"三字,而径与前文的四月西平地震相接。时间有误,地名也错引。汉代夷陵(今宜昌),在三国吴时曾改名西陵,但到晋武帝太康元年仍恢复旧名夷陵(见《宋书·州郡志》卷三十七)。因此,晋代西陵不在宜昌,而在鄂东。乾隆《东湖县志》误作,同治《宜昌府志》、《东湖县志》,民国《宜昌县志》沿误。

东晋成帝咸和二年二月(公元327年3月10日—4月7日)

江陵(今荆州市荆州区)

〔咸和二年二月〕江陵地震。

《晋书·五行志》卷二十九

东晋哀帝兴宁二年二月初十日(公元 364 年 3 月 29 日)

江陵(今荆州市荆州区)

〔兴宁二年二月庚寅〕江陵地震。

《晋书·哀帝纪》卷八

《晋书·五行志》卷二十九

【按】

《宋书·五行志》作:隆和二年二月庚寅,二月丁巳朔无庚寅。误。

唐德宗贞元四年正月初一日(公元 788 年 2 月 12 日)

房州(治房陵,今房县)

〔贞元四年正月朔日〕德宗御含元殿受朝贺。是日质明,殿阶及栏槛三十余间,无故自坏,甲士死者十余人。其夜,京师地震。二日又震,三日又震,十八日又震,十九日又震,二十日又震。帝谓宰臣曰:"盖朕寡德,屡致后土震惊,但当修政,以答天谴耳。"二十三日又震,二十四日又震,二十五日又震,时金、房州尤甚,江溢山裂,屋宇多坏,人皆露处。

《旧唐书·五行志》卷三十七

〔贞元四年正月庚戌朔〕是日质明,含元殿前阶基栏槛坏损三十余间,压死卫士十余人。京师地震,辛亥(初二)又震,壬子(初三)又震。……丁卯(十八日),京师地震,戊辰(十九日)又震,庚午(二十一日)又震。……癸酉(二十四日),京师地震。……乙亥(二十六日),地震,金、房尤甚,江溢山裂,庐舍多坏,居人露处。

《旧唐书·德宗纪》卷十三

〔贞元四年正月庚戌朔〕夜,京师地震。辛亥(初二日)、壬子(初三日)、丁卯(十八日)、戊辰(十九日)、庚午(二十一日)、癸酉(二十四日)、甲戌(二十五日)、乙亥(二十六日)皆震,金、房二州尤甚,江溢山裂,屋宇多坏,人皆露处。

《新唐书·五行志》卷三十五

〔贞元四年正月庚戌朔〕京师地震。大赦,刺史予一子官,增户垦田者加阶,县令减选,九品以上官言事。……是月,金、房二州皆地震,江溢山裂。

《新唐书·德宗纪》卷七

〔贞元四年正月庚戌〕,上御丹凤门,宣赦。是夕,京师地震,辛亥又震,……是月,金州、房州地震尤甚,江溢山裂,屋宇摧坏,至二月癸未(四日)又震,乙酉(六日)又震,丙申(十七日)又震。

《唐会要·地震》卷四十二

【按】

雍正《湖广通志》误作:"永贞四年正月朔夜,地震,房州尤甚,江溢山裂,人皆露处。"永贞是唐顺宗的年号,顺宗在位仅一年,只有永贞元年。嘉庆《湖北通志》改作宪宗永贞四年己丑春,己丑为宪宗元和四年,年号亦误。

李善邦《中国地震目录》、中央地震工作小组办公室《中国地震目录》作:"788年3月8日(唐贞元四年正月二十六日)在陕西安康东南(北纬32.5°、东经109.2°)发生$6\frac{1}{2}$级地震,震中烈度Ⅷ度。地震情况:金(治安康)、房(治房县)二州屋宇多坏,人皆露处,山裂江溢。长安(今西安)亦震。相距200公里。注:金、房二州无单独记载,极震区可能在二州交界地带。金州之平利以东即属房州,疑震中较近安康。"据上文地震情况,二州屋宇多坏,已注明其州治所在地安康、房县。按史书记史的常例,也应当是指安康、房县。安康、房县相距约170千米,按照确定历史地震震中的一般准则,凡记载两个以上震害相同的地震,宏观震中取其距离的几何中心。安康、房县相距的几何中心在竹山县境。1981年,本编辑室丁忠考、刘锁旺对房县至安康一带的北西西向构造带地震地质情况进行了实地考察。考察后，认为:这次地震的宏观震中似在竹山县西北擂鼓台。此地段位于竹山与竹溪交界的宝丰盆地西北之安康—房县断裂带上，是新生代以来地壳抬升较剧、夷平面强烈变形(拱曲轴部)的地区。为此，这次地震震中暂定竹山县西北擂鼓台。其地理坐标是:北纬 32°23′、东经 109°52′。

后唐明宗天成二年十月初五日(公元 927 年 11 月 2 日)

荆南(治江陵，今荆州市荆州区)

〔天成二年冬十月癸未〕地震。

《十国春秋·武信王世家》卷一百

【按】

《新五代史·司天考》亦作十月癸未，未言地点，《十国春秋》编入荆南，今从之。荆南为唐代方镇名，至德二年(公元 757 年)置。此为《十国春秋》沿用唐代旧称。唐代荆南治江陵。辖境屡有变动，较长期领有八州。天祐二年(公元 905 年)荆南为朱全忠所并，后全忠以高季兴为节度使，到五代时建立南平国，史称荆南高氏。五代荆南高氏治江陵。全盛时有荆、峡、归三州。这次地震是泛记江陵地震。

宋仁宗庆历五年八月十七日(公元 1045 年 9 月 30 日)

江陵府(治江陵，今荆州市荆州区)

〔庆历五年八月庚午〕是日，荆南府、岳州地震。

《续资治通鉴长编》卷一百五十七

《宋史·仁宗纪》卷十一

【按】

《皇朝编年纲目备要》作“秋九月……广州荆南府、岳州地震”。《文献通考》作“七月己卯，京南、岳州并地震”。今从《续资治通鉴长编》、《宋史·仁宗纪》。北宋荆州为江陵府，上文作荆南府系沿用五代旧称。至南宋淳熙元年(1174年)始改江陵府为荆南府。庆历时,有江陵郡荆南节度,领荆湖北路兵马钤辖,尚无荆南府之称,故改作江陵府。江陵府领县八:江陵、公安、潜江、监利、松滋、石首、枝江、建宁(熙宁六年,省建宁入石首,元祐元年夏,南渡后省)。岳州,巴陵郡,岳阳军节度,辖州、县四:巴陵、华容、平江、临湘。江陵府与岳州地域相接,应视为同一地震。发震具体地点无考。

宣统《湖北通志》作:"宋神宗熙宁五年八月荆南地震(《宋史·神宗纪》)。"查《宋史·神宗纪》无此记载。

元世祖至元二十六年正月(公元1289年1月23日—2月21日)

黄梅

〔至元二十六年正月〕黄梅地震。

万历《湖广总志·祥异》卷四十六,万历四年钞本

万历《续文献通考·物异考》卷二百二十一

【按】

这条地震,元史未载。《元史·五行志》卷五十作"二十六年正月丙戌地震",未指明地点。

元泰定帝泰定四年八月(公元1327年8月18日—9月15日)

峡州路(治夷陵,今宜昌)

江陵路(治江陵,今荆州市荆州区)

〔泰定四年八月〕凤翔、兴元、成都、峡州、江陵同日地震。

《元史·泰定帝纪》卷三十

〔泰定四年八月〕凤翔、兴元、成都、陕州(?)、江陵等郡同日地震。

《元史·五行志》卷五十

【按】

《元史·五行志》误作陕州,百衲本五行志与本纪同,作峡州。峡州路

(治夷陵,今宜昌)领县四:夷陵、宜都、长阳、远安。江陵路(治江陵,今荆州市荆州区)领县七:江陵、监利、公安、松滋、潜江、石首、枝江。所记峡州、江陵同日地震,震中似在当阳。嘉靖《兴都志·祥异》卷二十三作:"元泰定四年秋八月当阳地震。"康熙《当阳县志》、乾隆《湖北下荆南道志》所记亦同。乾隆、同治、民国《当阳县志》,同治《荆门州志》、《荆门县志》误作泰定三年秋八月。乾隆《东湖县志》引用《元史》误作英宗至治三年八月,同治《东湖县志》、《长阳县志》,民国《宜昌县志》沿误。

元文宗至顺三年四月(公元 1332 年 4 月 26 日—5 月 24 日)

黄梅

〔至顺三年四月〕黄梅地震。

万历《湖广总志·灾祥》卷四十六,万历四年钞本

【按】

顺治、乾隆、光绪《黄梅县志》,康熙《湖广通志》,宣统《湖北通志》所记亦同。万历《续文献通考·物异考》作至顺二年四月,误。

元顺帝至元元年十一月二十四日(公元 1335 年 12 月 9 日)

兴国路(治永兴,今阳新县西)

〔至元元年十一月壬寅〕兴国路地震。

《元史·五行志》卷五十一

【按】

元代最初的世祖与最末的顺帝两皇帝,都有"至元"年号,史称前至元、后至元。嘉靖《湖广通志》卷一作:"至元元年十一月壬寅兴国路地震(见《元史》)。"因该志祥异篇是分府编年记事,朝代、年号参差不一,嘉靖《兴国州志》、万历《湖广总志》未加分辨,误作"元世祖至元元年十一月兴国路地震(是岁大旱)",并在"十一月"后减掉"壬寅"二字,因该岁甲子十一月壬申

朔无壬寅。康熙《湖广通志》,康熙、雍正《兴国州志》沿误。万历《续文献通考》、《新元史》所记亦误。因元世祖至元元年即南宋理宗景定五年,光绪、民国《兴国州志》作:"宋理宗景定五年十一月壬寅地震,是岁大旱(此时兴国州尚属宋)。"误。同治、民国《江夏县志》,宣统《湖北通志》收录江夏地震。亦误。

元顺帝至元元年十二月二十八日(公元1336年1月12日)

蕲州路(治蕲春)

黄州路(治黄冈)

〔至元元年十二月丙子〕安庆、蕲、黄地震。

《元史·顺帝纪》卷三十八

〔至元元年十二月丙子〕安庆路地震。所属宿松、太湖、潜山三县同时俱震。庐州、蕲州、黄州亦如之。

《元史·五行志》卷五十一

【按】

蕲州路领县五:蕲春、蕲水、罗田、广济(今武穴)、黄梅。黄州路领县四:黄冈、麻城、黄安(今红安)、黄陂。此条地震记录已指出安庆路所属宿松、太湖、潜山三县同时地震,震中区似在安徽、湖北两省边界地。

元顺帝至元二年正月十八日(公元1336年3月1日)

黄梅

〔至元二年春〕地震,炉下口山崩。

顺治《黄梅县志·灾异》卷三,顺治十七年刻本

【按】

《元史·五行志》卷五十一作:"至元二年正月乙丑,宿松地震。"黄梅炉下口在县城东北停前镇辖区,与宿松比邻,应为同一地震,故作正月乙丑,

即正月十八日。炉下口在黄梅县停前镇东北。

中央地震工作小组办公室《中国地震目录》作:“1336 年春(元至元二年春)在黄梅(北纬 30.1°、东经 115.9°)发生$4\frac{3}{4}$级地震。震中烈度Ⅵ度。地震情况:地震山崩,安徽宿松亦震。注:疑是山崩地震。”据考订,地震时间应为 1336 年 3 月 1 日(元至元二年正月十八日),震中应为黄梅县停前镇东北(北纬 30°14′、东经 116°00′)。

元顺帝至正四年十二月初八日(公元 1345 年 1 月 11 日)

汉阳

〔至正四年十二月癸亥〕汉阳地震。

《元史·顺帝纪》卷四十一

〔至正四年十二月〕东平路东阿、阳谷、平阴三县及汉阳地震。

《元史·五行志》卷五十一

【按】

嘉靖《湖广通志》作:“元至元四年八月汉阳地震(见《元史》)。”万历《湖广总志》作:“元世祖至元四年八月汉阳地震(见《元史》)。”查《元史》,前“至元”四年、后“至元”四年均无汉阳地震记载。康熙《湖广通志》,康熙、乾隆《汉阳府志》,同治《汉川县志》沿误。

元顺帝至正十一年八月初一日(公元 1351 年 8 月 22 日)

中兴路(治江陵,今荆州市荆州区)**、公安、松滋、枝江**

峡州(治夷陵,今宜昌)

荆门州(治长林,今荆门)

〔至正十一年八月丁丑〕中兴路公安、松滋、枝江三县,峡、荆门二州地震。

《元史·五行志》卷五十一

〔至正十一年八月丁丑朔〕中兴路地震。

《元史·顺帝纪》卷四十二

【按】

元至元十三年改江陵路为上路总管府,天历二年以文宗潜藩改上路为中兴路。天历初降荆门府为州,领县二:长林(今荆门)、当阳。嘉靖《湖广通志》、万历《湖广总志》误作“元至元十一年八月松滋、枝江地震(见《元史》)”。康熙《湖广通志》,康熙、光绪《荆州府志》,康熙、同治《松滋县志》,乾隆、道光、同治《枝江县志》沿误。嘉靖《兴都志》误作“元世祖至元十一年八月丁丑荆门州地震”。乾隆、同治《荆门州志》,嘉庆、同治《荆门直隶州志》沿误。

明　朝

（公元 1368 年—1644 年）

明成祖永乐初（公元 1403 年）

施州（治恩施）

〔永乐初〕施州地大震。

万历《湖广总志·灾祥》卷四十六，万历四年钞本

康熙《湖广通志·祥异》卷三，康熙二十三年刻本

【按】

《中国地震资料年表》引用《古今图书集成》作元年。宣统《湖北通志》误作永乐十年十月施州地大震。明置施州卫，属湖广都司，治今恩施。

明成祖永乐五年（公元 1407 年）

安陆州（治长寿，今钟祥）

〔永乐五年〕安陆地震有声，震屋，城垣多倾。

万历《湖广总志·灾祥》卷四十六，万历四年钞本

〔永乐五年〕地震有声，城屋垣墙多倾。

康熙《钟祥县志·祥异》卷十，康熙五年刻本

〔永乐五年〕钟祥地震有声，城屋垣墙皆坏。

康熙《安陆府志·郡纪》卷一，康熙六年刻本

德安府（治安陆）

〔永乐五年十月〕地震有声，城垣多圮。

康熙《德安安陆郡县志·灾祥》卷八，康熙五年刻本

康熙《德安府全志·灾祥》卷二，康熙二十四年钞本

武昌府(治江夏,今武昌)

〔永乐五年〕地震有声。

康熙《武昌府志·灾异》卷四,康熙二十二年钞本

咸宁

〔永乐五年十月〕地震有声。

康熙《咸宁县志·灾异》卷六,康熙四年刻本

【按】

明安陆州治长寿(今钟祥),领京山、长寿二县,直隶湖广布政司。明德安府仍治安陆县,辖境相当今安陆、应山、应城、云梦、孝感、随县等县地。此次地震,嘉靖《湖北通志》未载,万历《湖广总志》所记安陆是指安陆州,康熙《德安安陆郡县志》、《德安府全志》误为安陆县而抄录,并作"城垣多圮"。康熙、雍正《湖广通志》记安陆州,嘉庆《湖北通志》记钟祥,宣统《湖北通志》误作永乐十年十月咸宁、安陆地震有声。

李善邦《中国地震目录》作:"1407年11月(明永乐五年十月)在钟祥(北纬31.2°、东经112.6°)发生$5\frac{1}{2}$级地震,震中烈度Ⅶ度。城屋墙垣多圮。武昌、咸宁相距150～180公里亦震。注:原文为安陆州地震,安陆州今钟祥县。此条与成化五年(1469年)十月地震记载相同,疑有误。"据考订,万历《湖广总志》、康熙《安陆府志》、《钟祥县志》所记均无"十月"二字。康熙《德安安陆郡县志》、《德安府全志》、《咸宁县志》作十月。误。应为1407年(明永乐五年)。

明宪宗成化元年三月(公元1465年3月27日—4月24日)

襄阳府(治襄阳)

〔成化乙酉年〕襄阳府界雨黑子如黍,密处掬之盈把。彗星见西北隅,长三丈有奇,三月没。地震,摇动房屋,轰轰有声。

正德《襄阳府志·祥异》卷九,正德十二年刻本

南漳

〔成化元年〕南漳雨黑子如黍,地震。

万历《襄阳府志·灾祥》卷三十三,万历十二年刻本

荆门州(治长林,今荆门)

〔成化元年〕正月(?)彗星见西方,二月(?)地震。

乾隆《荆门州志·祥异》卷三十四,乾隆十九年刻本

【按】

《国朝典汇》作:“成化元年二月彗星见,天雨黑黍于襄阳,地震,屋宇动摇有声。”《皇明大政记》记:元年二月天雨黑黍于襄阳,地震,屋宇摇动,轰轰有声。《续文献通考》载:成化元年二月,襄阳地震,轰轰有声,时天雨黑黍。《奇闻类记》记:“国朝成化元年,天雨黑黍于襄阳,掬之盈把,及星变,地震。”《双槐岁抄》:“成化乙酉地震,屋宇动摇,轰轰有声。”今据正德《襄阳府志》查对《明史·天文》卷二十七:“成化元年二月,彗星见,三月,又见西北,长三丈余,三阅月而没。”襄阳地震,在彗星又见西北之后,故作三月。《中国地震资料年表》未见正德《襄阳府志》,仅引用《双槐岁抄》作二月,乾隆《荆门州志》亦作二月。误。襄阳府治襄阳,领县六、州一:襄阳、宜城、南漳、枣阳、谷城、光化、均州(治今均县)。荆门州治长林,领县二:长林(今荆门)、当阳。

明宪宗成化三年(公元1467年)

南漳

〔成化三年〕南漳地震。

万历《襄阳府志·灾祥》卷三十三,万历十二年刻本

【按】

正德、顺治、康熙《襄阳府志》,嘉靖《湖广通志》,万历《湖广总志》,康熙、雍正《湖广通志》均无载。嘉庆、宣统《湖北通志》,嘉庆《南漳县志录抄》,同治、民国《南漳县志》作:三年九月南漳地震(《襄阳府志》)。查对《襄阳府志》,均无“九月”二字,故作三年。

明宪宗成化四年十月十五日（公元 1468 年 10 月 30 日）

德安府（治安陆）

〔成化四年中年（？）〕郡中地震。

嘉靖《湖广通志·祥异》卷一，嘉靖元年刻本

应山（今广水）

〔成化四年〕大旱，岁大饥，十月辛丑地震。

康熙《应山县志·灾异》卷二，康熙十二年刻本

【按】

嘉靖《湖广通志》所载"四年中年"疑为"四年十月"之误。康熙《应山县志》作：四年大旱，岁大饥，与《明史·五行志》卷三十所载成化四年湖广旱相合。今从《应山县志》作十月辛丑，即十月十五日。

明宪宗成化四年十二月十二日（公元 1468 年 12 月 26 日）

武昌府（治江夏，今武昌）

〔成化四年十二月戊戌〕湖广武昌等府地震。

《宪宗实录》卷六十一

【按】

《明史·五行志》卷三十记：十二月戊戌，湖广地震。武昌府治江夏，领县九、州一：江夏（今武昌）、武昌（今鄂州）、嘉鱼、蒲圻、咸宁、崇阳、通城、大冶、通山、兴国州（今阳新）。明、清两朝，武昌府均治江夏，辛亥革命后，废府存县，改江夏县为武昌县。原武昌县于 1913 年改为寿昌县，复于 1914 年改为鄂城县，1983 年设为鄂州市。

明宪宗成化五年十月初一日（公元 1469 年 11 月 4 日）

安陆州（治长寿，今钟祥）

〔成化五年十月朔〕安陆地震有声，摇动房屋，北城桅杆折，城墙倒

倾数丈(州志)。

嘉靖《湖广通志·祥异》卷一,嘉靖元年刻本

〔成化五年冬十月朔〕地震有声如雷,摇动房屋,北城桅杆折,城崩数丈。

嘉靖《兴都志·祥异》卷二十三,嘉靖二十一年钞本

德安府(治安陆)

〔成化五年冬十月朔〕安陆地震有声,城垣圮者数丈(《湖广通志》、“沈志”作四年)。

道光《安陆县志·祥异》卷十四,道光二十三年刻本

武昌府(治江夏,今武昌)

〔成化四年(?)〕大水,十月辛亥朔地震有声。

康熙《武昌府志·灾异》卷三,康熙二十六年钞刻合订本

咸宁

〔成化四年(?)〕大水,十月辛亥朔地震有声。

康熙《咸宁县志·灾异》卷六,康熙四年刻本

【按】

嘉靖《湖广通志》所记之安陆,是指安陆州地震,康熙《德安安陆郡县志》(沈会霖修,简称“沈志”)、《德安府全志》误为安陆县而抄录,并作:“成化四年大水,十月辛亥朔地震有声,城垣圮者数丈。”道光、光绪《安陆县志》改为成化五年十月朔。湖广大水为成化五年,十月辛亥朔亦为成化五年。康熙《武昌府志》、《咸宁县志》作四年。误。

李善邦《中国地震目录》作:“1469 年 11 月 4 日(成化五年十月一日)在钟祥(北纬 31.2°、东经 112.6°)发生$5\frac{1}{2}$级地震,震中烈度Ⅶ度。北城桅杆折,城崩数丈。房屋动摇。武昌、咸宁亦地震有声。咸宁离钟祥 200 余公里。注:以上从《安陆府志》、万历《湖广通志》作:‘安陆地震有声,城垣倾者数丈’。与永乐五年(1407 年)十月地震所记‘安陆州地震有声,城屋墙垣多圮’,除永乐、成化年号不同外,情况相同,而安陆府志不录永乐五年地震。疑永乐五年地震记载,是这次地震之误。”据考订,上次地震为永乐五年,这次地震为成化五年十月朔,康熙《安陆府志》对两次地震都有记载,内

容不尽相同。这次地震震级,中央地震工作小组办公室《中国地震目录》、国家地震局《中国地震简目》修订为 5 级、Ⅵ～Ⅶ度。似仍以原订5 $\frac{1}{2}$级、Ⅶ度为宜。

明宪宗成化五年十二月初七日申时(公元 1470 年 1 月 8 日 16 时)

武昌府(治江夏,今武昌)、**汉阳府**(治汉阳)

〔成化五年十二月丙辰〕河南汝宁府,湖广武昌、汉阳府、岳州等府同日地震。

《宪宗实录》卷七十四

《明史·五行志》卷三十

【按】

《宪宗实录》卷七十五载:"成化六年正月庚子(二十一日),以湖广地震,遣官祭告境内山川,礼部尚书邹干言:去年十二月十二日武昌等府同日地震……"上述十二月十二日,疑为十二月丙辰(初七日)之误。如弘治《湖南衡山县志》卷五亦记为十二月初七日:"成化六年四月己丑朔十七己酉,皇帝遣行人范锳致祭于南岳衡山之神曰:去冬腊月七日申时,武昌、汉阳、荆、岳等府地震……"汉阳府治汉阳,领县二:汉阳、汉川。

明宪宗成化六年(公元 1470 年)

湖广(湖广承宣布政使司治所江夏,今武昌)

〔成化六年正月丁亥(初八日)〕河南地震,是年湖广亦震。

《明史·五行志》卷三十

【按】

明代湖广包括湖南、湖北两省,其治所在江夏(下同)。康熙《蕲州志》作:成化五年春正月丁亥河南、湖广地震(旧志)。五年正月丙辰朔无丁亥,五年应是六年之误。《中国地震资料年表》据康熙《蕲州志》单列一条,沿误。《罪惟录》作:五年三月湖广、河南地震。亦误。

明宪宗成化七年四月二十五日(公元 1471 年 5 月 14 日)

襄阳府(治襄阳)

〔成化七年四月丁卯〕湖广襄阳府,地一日再震,次日复震。

《宪宗实录》卷九十

《罪惟录》卷三

【按】

《皇明大政记》作四月丙寅(二十四日)。

明宪宗成化十五年九月(公元 1479 年 9 月 16 日—10 月 14 日)

黄梅

〔成化十五年九月〕黄梅地震。

万历《湖广总志·灾祥》卷四十六,万历四年钞本

康熙《湖广通志·祥异》卷三,康熙二十三年刻本

【按】

乾隆《黄州府志》、《黄梅县志》、嘉庆《湖北通志》均误作:天顺十五年地震。查天顺年号只有八年,应为成化十五年。

明宪宗成化二十一年十二月十一日(公元 1486 年 1 月 16 日)

荆门州(治长林,今荆门)

〔成化二十一年十二月戊子〕湖广荆门州地震。

《宪宗实录》卷二百七十三

【按】

《国榷》作:成化二十二年二月戊子。

明宪宗成化二十三年正月十九日(公元 1487 年 2 月 12 日)

荆州府(治江陵,今荆州市荆州区)

〔成化二十三年正月庚申〕湖广荆州府地震。

《宪宗实录》卷二百八十六

【按】

《中国地震资料年表》作:二十三年正月己未(十八日)。误。明代荆州府治江陵,领州二、县十一:归州(今秭归)、夷陵州(今宜昌市)、江陵、公安、石首、监利、松滋、枝江、宜都、长阳、远安、兴山、巴东。

明宪宗成化二十三年正月(公元 1487 年 1 月 25 日—2 月 22 日)

咸宁

〔成化二十三年春正月〕地震。

光绪《咸宁县志・灾祥》卷八,光绪八年刻本

【按】

康熙、同治《咸宁县志》均作:成化三十三年春地震。该志文序,此条在成化六年后,弘治元年前,三十三年应为二十三年之误,成化只有二十三年,后志修正。嘉庆《湖北通志》载:成化二十三年春咸宁地震。秋,孝感、应城地震。

明宪宗成化二十三年九月(公元 1487 年 9 月 17 日—10 月 16 日)

德安府(治安陆)

〔成化二十三年九月〕衡州、德安地震。

万历《湖广总志・灾祥》卷四十六,万历四年钞本

孝感

〔成化二十三年〕地震,产白乌。

康熙《孝感县志・灾异》卷六,康熙十二年刻本

乾隆《汉阳府志·五行志》卷三，乾隆十二年刻本

应城

〔成化二十三年〕地震。

雍正《应城县志·祥异》卷七，雍正四年刻本

咸丰《应城县志·祥异》卷六，咸丰元年稿本

【按】

康熙《湖广通志》所记同上。康熙《德安安陆郡县志》、《德安府全志》原误作:成化三十三年春地震。道光《安陆县志》据康熙《湖广通志》改为成化二十三年九月德安地震，并注明:沈志(指康熙中，沈会霖所遗之方志残本)作三十三年春地震。误。光绪《德安府志》亦改为二十三年九月。康熙《应城县志》作:二十三年春地震。后志均无“春”字。宣统《湖北通志》据康熙《应城县志》作:二十三年春应城地震。误。

明孝宗弘治九年二月初九日(公元 1496 年 2 月 22 日)

郧阳府(治郧县，今十堰市郧阳区)

〔弘治九年二月丁巳〕湖广郧阳府、四川大宁县同日地震。

《孝宗实录》卷一百零九

〔弘治九年二月丁巳〕郧阳、大宁各地震。

《国榷》卷四十三

【按】

明代四川大宁县属夔州府，今重庆巫溪县。郧阳府，成化十二年十二月置，治郧县，领县七:郧县、房县、竹山、竹溪、郧西、上津(郧西县上津)、保康。

明孝宗弘治十一年七月(公元 1498 年 7 月 19 日—8 月 16 日)

武昌府（治江夏，今武昌）

〔弘治十一年七月〕地震，江夏地生白毛。

康熙《武昌府志·灾异》卷三，康熙二十六年钞刻合订本

同治《江夏县志·祥异》卷八，同治八年刻本

明孝宗弘治十六年九月初九日（公元1503年9月28日）

安陆州（治长寿，今钟祥）

〔弘治十六年九月壬申〕湖广安陆州地震，桃李华。

《孝宗实录》卷二百零三

明武宗正德四年春（公元1509年春）

枣阳

〔正德四年春〕枣阳天鼓鸣，地震。

万历《湖广总志·灾祥》卷四十六，万历四年钞本

万历《襄阳府志·灾祥》卷三十三，万历十二年刻本

明武宗正德四年五月初八日（公元1509年5月26日）

武昌府（治江夏，今武昌）

〔正德四年五月己亥〕夜二漏下，湖广武昌府见碧光闪烁如电者六、七次，隐隐有声如雷鼓，既而地震，良久止。

《武宗实录》卷五十

《明史·五行志》卷三十

明武宗正德四年七月(公元 1509 年 7 月 17 日—8 月 15 日)

江夏(今武昌)

〔正德四年七月〕江夏地震,地生白毛。

嘉靖《湖广通志·祥异》卷一,嘉靖元年刻本

万历《湖广总志·灾祥》卷四十六,万历四年钞本

明武宗正德九年十二月二十八日(公元 1515 年 1 月 12 日)

安陆州(治长寿,今钟祥)

〔正德九年十二月丙辰〕安陆州地震。

《武宗实录》卷一百一十九

明武宗正德十年秋(公元 1515 年秋)

荆州

〔正德十年〕荆州地震有声。

嘉靖《湖广通志·祥异》卷一,嘉靖元年刻本

〔正德十年秋〕荆州地震有声。(十一月复地震。)

万历《湖广总志·灾祥》卷四十六,万历四年钞本

【按】

雍正《湖广通志》作十年夏。

明武宗正德十年十一月(公元 1515 年 12 月 5 日—1516 年 1 月 3 日)

荆州

〔正德十年〕(秋,荆州地震有声。)十一月复地震。

万历《湖广总志·灾祥》卷四十六,万历四年钞本

明武宗正德十一年夏(公元 1516 年夏)

南漳

〔正德十一年〕常德、澧州、南漳地震。

万历《湖广总志·灾祥》卷四十六,万历四年钞本

【按】

嘉庆《湖北通志》、《南漳县志集抄》均作:十一年夏南漳地震。

明武宗正德十一年八月十九日夜(公元 1516 年 9 月 15 日夜)

武昌府(治江夏,今武昌)

〔正德十一年八月戊辰〕南京地震,湖广武昌府震如之。

《武宗实录》卷一百四十

《明史·五行志》卷三十

〔正德十一年八月十九日〕夜,武昌地震,动房舍有声,二刻乃止。

嘉靖《湖广通志·祥异》卷一,嘉靖元年刻本

【按】

康熙、雍正《湖广通志》,嘉庆《湖北通志》,乾隆、光绪《武昌县志》均记:武昌地裂。同治《江夏县志》作:十一年八月地裂。宣统《湖北通志》误作:十年八月地震。

明武宗正德十二年七月初五日(公元 1517 年 7 月 23 日)

郧阳府(治郧县,今十堰市郧阳区)

〔正德十二年七月己卯〕陕西商南、湖广郧阳,俱地震。

《武宗实录》卷一百五十一

明武宗正德十二年八月十八日(公元 1517 年 9 月 3 日)

江夏(今武昌)

〔正德十二年八月十八日〕江夏地复震。

嘉靖《湖广通志·祥异》卷一,嘉靖元年刻本

【按】

康熙《武昌府志》作:十二年江夏地震。康熙《江夏县志》作:十二年地大震。

明武宗正德十四年十二月二十二日(公元 1520 年 1 月 12 日)

武昌府(治江夏,今武昌)

〔正德十四年十二月壬午〕湖广武昌府地震。

《武宗实录》卷一百八十一

明武宗正德十五年六月十八日(公元 1520 年 7 月 2 日)

容美宣抚司(今鹤峰)

〔正德十五年六月甲戌〕湖广容美宣抚司地震。

《武宗实录》卷一百八十七

【按】

容美宣抚司(今鹤峰县)属施州卫。

明世宗嘉靖元年三月二十九日(公元 1522 年 4 月 25 日)

黄陂

〔嘉靖元年三月三十日(?)〕雷迅地震。

嘉靖《黄陂县志·灾祥》卷中,嘉靖三十五年刻本

黄冈

〔嘉靖元年春三月〕地震。

道光《黄冈县志·祥异》卷二十三,道光二十八年刻本

【按】

同治、民国《黄陂县志》均记三月,无三十日。嘉靖元年三月为小月,仅二十九天。嘉靖《黄陂县志》所记离地震时间较近,可能将月底误记为三十日,故改为三月二十九日。康熙、乾隆、光绪《黄州府志》和万历、乾隆《黄冈县志》均无黄冈地震记载。

明世宗嘉靖元年三月(公元1522年3月28日—4月25日)

枣阳、谷城

〔嘉靖元年〕枣阳地震一日二次,谷城地震。

万历《襄阳府志·灾祥》卷三十三,万历十二年刻本

【按】

乾隆《枣阳县志》和同治《谷城县志》所记亦同。万历《湖广总志》、康熙、雍正《湖广通志》作:三月黄陂地震,枣阳、谷城地震。嘉庆、宣统《湖北通志》作:三月黄州、枣阳、谷城地震。

明世宗嘉靖二年六月(公元1523年7月13日—8月10日)

荆门州(治长林,今荆门)

〔嘉靖二年六月〕地震。

乾隆《荆门州志·祥异》卷三十四,乾隆十九年刻本

【按】

嘉庆《荆门直隶州志》、同治《荆门州志》、《荆门直隶州志》所记同上。

明世宗嘉靖二年(公元1523年)

均州(治均县,今丹江口)、**襄阳**

〔嘉靖二年〕均州地大震,襄阳县地大震。

万历《襄阳府志·灾祥》卷三十三,万历十二年刻本

【按】

嘉庆《湖北通志》作:"嘉靖二年襄阳地大震(万历《襄阳府志》)。"宣统《湖北通志》作:"二年九月襄阳、荆州地大震。""九月",似无据。"荆州地大震",查荆州府各志均无记载。"荆州",疑为"均州"之误。宣统《湖北通志》另误作:万历二年冬襄阳、荆门地大震。

明世宗嘉靖三年正月初一日(公元 1524 年 2 月 4 日)

应城

〔嘉靖三年正月丙寅〕地震。

嘉靖《应城县志·祥异》卷上,嘉靖十九年刻本

随州

〔嘉靖三年正月〕地震。

康熙《随州志·祥异》卷四,康熙六年刻本

【按】

以上所记地震为公元 1524 年 2 月 4 日河南许昌张潘店(北纬 34.0°、东经 114.0°)$5\frac{3}{4}$级地震波及。

明世宗嘉靖三年十二月二十九日(公元 1525 年 1 月 22 日)

宜城、均州(治均县,今丹江口)

〔嘉靖三年十二月晦〕宜城地震,三年均州地大震。

万历《襄阳府志·灾祥》卷三十三,万历十二年刻本

襄阳

〔嘉靖三年〕襄阳、宜城、均州地大震。

万历《湖广总志·灾祥》卷四十六，万历四年钞本

沔阳（今仙桃）

〔嘉靖三年十二月晦〕地震。

嘉靖《沔阳州志·郡纪》卷一，民国十五年校刊旧钞嘉靖本

嘉靖《兴都志·祥异》卷二十三，嘉靖二十一年钞本

德安府（治安陆）

〔嘉靖三年十二月己未〕地震。

康熙《德安府全志·灾异》卷二，康熙二十四年钞本

孝感

〔嘉靖三年十二月己未〕地震。

康熙《孝感县志·灾异》卷六，康熙十二年刻本

黄陂

〔嘉靖三年〕黄陂地震。

乾隆《汉阳府志·五行志》卷三，乾隆十二年刻本

【按】

康熙、雍正《湖广通志》记：三年襄阳、宜城、均州地震。嘉庆《湖北通志》记：三年冬十二月德安、沔阳、黄陂、宜城、均州地震（府、县志）。宣统《湖北通志》将德安、沔阳、黄陂地震，误记为嘉靖二年十二月，又误记为万历二年十二月。

明世宗嘉靖五年五月初七日（公元 1526 年 6 月 16 日）

荆门州（治长林，今荆门）

〔嘉靖五年五月己丑〕湖广荆门州地震，声如雷……

《世宗实录》卷六十四

【按】

《罪惟录》作：嘉靖五年五月荆州地震。疑为荆门州地震之误。《世宗实录》卷七十一载：嘉靖五年十二月癸亥（十五日）大学士杨一清以灾异修省上言：臣近观礼部所奏今年灾异，如辽东、山陕、江浙、湖广地震不下三十

余……

明世宗嘉靖十一年三月初四日（公元1532年4月9日）

武昌府（治江夏，今武昌）

〔嘉靖十一年三月癸丑〕湖广武昌府地震。

《世宗实录》卷一百三十六

明世宗嘉靖十四年十一月（公元1535年11月25日—12月23日）

应城

〔嘉靖十四年十一月〕地震有声。

康熙《应城县志·灾祥》卷二，康熙十年刻本

【按】

雍正、咸丰《应城县志》作：冬十月。今从康熙《应城县志》作十一月。康熙《德安府全志》误作：十七年应城地震。嘉庆、宣统《湖北通志》，光绪《德安府志》前后两条重见。后者误袭康熙《德安府全志》。

明世宗嘉靖十八年十二月二十一日（公元1540年1月29日）

荆门州（治长林，今荆门）

〔嘉靖十八年十二月甲申〕湖广荆门州地震。

《世宗实录》卷二百三十二

明世宗嘉靖二十一年三月二十一日（公元1542年4月5日）

武昌府(治江夏,今武昌)

〔嘉靖二十一年三月辛丑〕湖广武昌府地震。

《世宗实录》卷二百五十九

明世宗嘉靖二十四年(公元 1545 年)

武昌县(今鄂州市)

〔嘉靖二十四年〕武昌大旱,地震。

万历《湖广总志·灾祥》卷四十六,万历四年钞本

康熙《武昌县志·灾异》卷七,康熙十二年刻本

武昌府(治江夏,今武昌)

〔嘉靖二十四年〕地震,民大饥。

康熙《武昌府志·灾异》卷四,康熙二十二年钞本

同治《江夏县志·祥异》卷八,同治八年刻本

明世宗嘉靖二十四年十月(公元 1545 年 11 月 4 日—12 月 3 日)

宜城

〔嘉靖二十四年十月〕宜城地震,有声如雷。

万历《襄阳府志·灾祥》卷三十三,万历十二年刻本

【按】

顺治、康熙、乾隆、光绪《襄阳府志》,康熙、同治《宜城县志》,万历《湖广总志》,康熙、雍正《湖广通志》,嘉庆、宣统《湖北通志》,乾隆《湖北下荆南道志》均无载。

明世宗嘉靖二十六年十月(公元 1547 年 11 月 12 日—12 月 11 日)

大冶

〔嘉靖二十六年十月〕地震有声。

康熙《大冶县志·灾异》卷四,康熙二十二年刻本

【按】

康熙《大冶县志》十一年钞本误作:嘉靖三十六年十月地震有声。

明世宗嘉靖二十八年十一月(公元1549年11月19日—12月18日)

德安府(治安陆)

〔嘉靖二十八年冬十一月〕地震。

康熙《德安安陆郡县志·灾祥》卷八,康熙五年刻本

康熙《德安府全志·灾异》卷二,康熙二十四年钞本

咸宁

〔嘉靖二十八年冬十一月〕地震。

康熙《咸宁县志·灾异》卷六,康熙四年刻本

【按】

嘉庆《湖北通志》作:二十八年冬十月咸宁地震。宣统《湖北通志》作:二十八年冬咸宁、安陆地震(各州、县志)。查同治、光绪《咸宁县志》,道光《安陆县志》,光绪《德安府志》,均作冬十一月。

明世宗嘉靖三十年十二月(公元1551年12月27日—1552年1月25日)

武昌府(治江夏,今武昌)

〔嘉靖三十年冬十二月〕地震。

康熙《武昌府志·灾异》卷四,康熙二十二年钞本

同治《江夏县志·祥异》卷八,同治八年刻本

明世宗嘉靖三十二年十二月(公元1554年1月4日—2月1日)

均州(治均县,今丹江口)

〔嘉靖三十二年十二月〕均州地大震。

万历《湖广总志·灾祥》卷四十六,万历四年钞本

【按】

康熙、光绪《德安府志》作:三十二年十二月云梦地震有声。鉴于康熙、雍正《湖广通志》,嘉庆、宣统《湖北通志》,康熙《德安安陆郡县志》,道光、咸丰《安陆县志》,光绪《云梦县志》均无云梦地震记载,故未录。

明世宗嘉靖三十三年五月二十六日(公元1554年6月25日)

应山(今广水)

〔嘉靖三十三季(年)五月己丑(?)〕地震,越三日复震,是季大有年。

康熙《应山县志·灾异》卷二,康熙十二年刻本

【按】

查嘉靖三十三年五月庚子朔无己丑,疑为乙丑之误,故改为乙丑,即五月二十六日。

明世宗嘉靖三十三年(公元1554年)

枝江

〔嘉靖三十三季(年)〕地震。

康熙《枝江县志·灾异》卷一,康熙九年刻本

明世宗嘉靖三十四年十二月十二日(公元1556年1月23日)

均州(治均县,今丹江口)、**光化**(今老河口)、**谷城**、**襄阳**

〔嘉靖三十四年十二月〕均州地震,光化地大震,谷城地震有声,襄阳地震。

万历《襄阳府志·灾祥》卷三十二,万历十二年刻本

德安府(治安陆)、**郧阳府**(治郧县,今十堰市郧阳区)、**钟祥**

〔嘉靖三十四年十二月〕澧州、德安、襄阳、郧阳地震。钟祥、谷城地震有声。

万历《湖广总志·灾祥》卷四十六,万历四年钞本

安陆

〔嘉靖三十四年十二月〕地震。

康熙《德安安陆郡县志·灾祥》卷八,康熙五年刻本

孝感

〔嘉靖三十四年十二月壬寅(十二日)〕地震。

康熙《孝感县志·灾异》卷六,康熙十二年刻本

景陵(今天门)

〔嘉靖三十四年十二月十二日〕夜子时,地震有声,自东北起,西南去,房屋动摇,人民惊骇。

康熙《景陵县志·灾祥》卷二,康熙七年刻本

潜江

〔嘉靖三十四年冬十二月〕地震有声,自西来。

康熙《潜江县志·灾祥》卷二,康熙三十三年刻本

咸宁

〔嘉靖三十四年十二月〕地震。

康熙《咸宁县志·灾异》卷六,康熙四年刻本

黄冈

〔嘉靖三十有四年冬十有二月〕地震。

万历《黄冈县志·祥异》卷十,万历三十六年刻本

蕲州

〔嘉靖三十四年冬十二月〕郡城地震(府志)。

康熙《蕲州志·灾异》卷十二,康熙四年刻本

【按】

康熙、雍正《湖广通志》,嘉庆、宣统《湖北通志》,乾隆《湖北下荆南道志》,康熙、光绪《德安府志》,康熙《德安安陆郡县志》,道光《安陆县志》,乾隆、光绪《襄阳府志》,同治、民国《襄阳县志》,民国《谷城县志》,嘉庆《郧阳府志》、《郧阳志补》,同治《郧阳志》、《郧县志》,同治、光绪《咸宁县志》均误记为嘉靖三十三年十二月。未录。以上所记三十四年十二月地震为公元1556年1月23日陕西华县(北纬34.5°、东经109.7°)8级地震波及。

明世宗嘉靖三十五年(公元1556年)

归州(治秭归)

〔嘉靖三十五年〕地震。

万历《归州志·祥异》卷三,万历三十七年刻本

明世宗嘉靖三十六年正月二十七日(公元1557年2月25日)

郧阳府(治郧县,今十堰市郧阳区)

〔嘉靖三十六年正月辛巳〕湖广郧阳府地震。

《世宗实录》卷四百四十三

明世宗嘉靖三十七年十二月(公元1558年1月8日—2月6日)

武昌府(治江夏,今武昌)

〔嘉靖三十七年十二月〕地震。

康熙《武昌府志·灾异》卷四,康熙二十二年钞本

咸宁

〔嘉靖三十七年十二月〕地震。

康熙《咸宁县志·灾异》卷六,康熙四年刻本

德安府(治安陆)

〔嘉靖三十七年十二月〕地震。

康熙《德安安陆郡县志·灾祥》卷八,康熙五年刻本

康熙《德安府全志·灾异》卷二,康熙二十四年钞本

明世宗嘉靖三十八年十二月(公元1559年12月29日—1560年1月26日)

宜都

〔嘉靖三十八年十二月〕夜,地震。

康熙《宜都县志·灾祥》卷十一,康熙三十六年刻本

夷陵(今宜昌)

〔嘉靖三十八年十二月〕夜,夷陵、宜都地震。(旧荆州志)

乾隆《东湖县志·天文》卷二,乾隆二十八年刻本

长阳

〔嘉靖三十八年十二月〕夜,地震。(荆州志)

同治《长阳县志·灾祥》卷七,同治五年重修本

枝江

〔嘉靖三十八季(年)〕地震有声。

康熙《枝江县志·灾异》卷一,康熙九年刻本

【按】

乾隆《荆州府志》作:三十八年十二月宜都地震(县志),枝江地震有声。

明世宗嘉靖三十九年二月二十三日(公元1560年3月19日)

竹溪

〔嘉靖三十九年二月己未〕湖广竹溪县地震有声,民家地出血。

《世宗实录》卷四百八十一

《国朝典汇》卷一百一十四

明世宗嘉靖四十年冬(公元 1561 年冬)

潜江

〔嘉靖四十年〕正月大雪,至三月民大饥,殍相枕于道,冬地震。

康熙《潜江县志·灾祥》卷二,康熙三十三年刻本

钟祥

〔嘉靖四十年冬〕地震。

康熙《钟祥县志·祥异》卷十,康熙五年刻本

明世宗嘉靖四十一年九月(公元 1562 年 9 月 28 日—10 月 27 日)

钟祥

〔嘉靖四十一年九月〕钟祥地震有声。

万历《湖广总志·灾祥》卷四十六,万历四年钞本

明世宗嘉靖四十五年十一月(公元 1566 年 12 月 11 日—1567 年 1 月 9 日)

沔阳(今仙桃)

〔嘉靖四十五年冬十一月〕沔阳地震。

康熙《安陆府志·郡纪》卷一,康熙六年刻本

乾隆《湖北下荆南道志·祥异》卷一,乾隆五年刻本

【按】

乾隆《沔阳州志》作四十五年冬十二月。光绪《沔阳州志》作十一月。

明世宗嘉靖四十五年十二月(公元1567年1月10日—2月8日)

郧阳(治郧县,今十堰市郧阳区)

〔嘉靖四十五年十二月〕郧阳地震。

乾隆《湖北下荆南道志·祥异》卷一,乾隆五年刻本

【按】

万历《湖广总志》作:十一月沔阳、郧阳地震。嘉庆《郧阳府志》、《郧阳志补》,同治《郧阳志》、《郧县志》均作四十五年,未计月。

明穆宗隆庆二年三月初五日(公元1568年4月2日)

郧阳(治郧县,今十堰市郧阳区)

〔隆庆二年三月甲寅〕陕西庆阳、西安等府,山西蒲州、安邑等处,河南裕州等十三州县及襄城,新安等县,郧阳、宁夏、汉中等处俱地震。

《穆宗实录》卷十八

〔隆庆二年三月甲寅〕陕西庆阳、西安、汉中、宁夏,山西蒲州、安邑,湖广郧阳及河南十五州县,同日地震。

《明史·五行志》卷三十

郧西

〔隆庆二年三月〕地震。

乾隆《郧西县志·祥异》卷一,乾隆三十八年刻本

襄阳府(治襄阳)

〔隆庆二年三月〕地动。

万历《襄阳府志·灾祥》卷三十三,万历十二年钞本

【按】

以上所记地震为公元1568年4月2日陕西临潼(北纬34.4°,东经109.2°)$5\frac{1}{2}$级地震波及。

明穆宗隆庆二年四月(公元 1568 年 4 月 27 日—5 月 26 日)

光化(今老河口)

〔隆庆二年四月〕光化地震。

万历《襄阳府志·灾祥》卷三十三,万历十二年刻本

明穆宗隆庆六年(公元 1572 年)

蕲水(今浠水)

〔隆庆六年〕地震。

顺治《蕲水县志·沿革》卷一,顺治十四年刻本

康熙《蕲水县志·沿革》卷一,康熙二十三年刻本

明神宗万历元年八月初一日(公元 1573 年 8 月 27 日)

荆州

〔万历元年八月戊申朔〕湖广荆州地震,至丙寅(十九日)方止。

《神宗实录》卷十六

《明史·五行志》卷三十

万历元年十二月辛未,礼部因地震上疏言:地道承天,以静为主,一有震动,是为失常。今楚、蜀之间,相继地震,绵亘千里,厥变匪轻。

《神宗实录》卷二十

张居正枋国,以世贞同年生,有意引之,世贞不甚亲附。所部荆州地震,引京房占,谓臣道太盛,坤维不宁,用以讽居正。

《明史·王世贞传》卷二百八十七

【按】

《中国地震资料年表》引据《太仓州志·王世贞传》列入万历二年公安地震条,不妥。张居正,江陵人,嘉靖二十六年进士(与王世贞同榜),累官至吏部右侍郎兼东阁大学士,神宗即位,居正枋国,为首辅(宰相)。“江陵

(指居正)欲引世贞自近,世贞谢唯唯,会荆州地震,世贞引李固、京房占,臣道太盛,坤维不宁。"(见《续藏书·王世贞传》)吴伟业《绥寇纪略》地震案:"地,臣道也,京房曰,臣事虽正,专必震。荆州,居正所居地也,元年荆州连震七日方止,恶其专且戒以不终也。"

明神宗万历二年二月(公元1574年3月3日—4月1日)

黄冈

〔万历二年春二月〕地震。

万历《黄冈县志·祥异》卷十,万历三十六年刻本

【按】

康熙《黄州府志》,乾隆《黄州府志》、《黄冈县志》,嘉庆《湖北通志》,道光《黄冈县志》,光绪《黄州府志》、《黄冈县志》所记同上。康熙《湖广通志》作:三年二月黄冈地震。康熙《罗田县志》,道光、同治、光绪《黄安县志》作:三年黄州各县地震。疑误。黄州府治黄冈,领州一、县八:蕲州(今蕲春)、黄冈、麻城、黄陂、黄安(今红安)、蕲水(今浠水)、罗田、广济(今武穴)、黄梅。

明神宗万历二年(公元1574年)

公安

〔万历二年〕公安大水,地震。

万历《湖广总志·灾祥》卷四十六,万历四年钞本
康熙《荆州府志·祥异》附卷二,康熙二十四年刻本

明神宗万历三年正月(公元1575年2月11日—3月11日)

宜城、均州(治均县,今丹江口)、**随州**

〔万历三年己亥春正月〕宜城、均州、随州地震。

宣统《湖北通志·祥异》卷七十五,民国十年铅印本

【按】

万历《湖广总志》、康熙《湖广通志》、嘉庆《湖北通志》以及有关州、县志均无此记载。

明神宗万历三年二月初五日(公元1575年3月16日)

湖广(湖广承宣布政使司治所江夏,今武昌)

〔万历三年二月甲戌〕湖广、江西地震。

《万历实录》卷三十五

《明史·五行志》卷三十

武昌府(治江夏,今武昌)

〔万历三年二月〕常德、岳州、武昌地震有声(楚府后殿震灾)。

万历《湖广总志·灾祥》卷四十六,万历四年钞本

康熙《湖广通志·祥异》卷三,康熙二十二年刻本

【按】

康熙三种版本《武昌府志》、康熙二十二年和六十一年版本《江夏县志》均无此次地震记载。康熙五十二年版本《江夏县志》作:"二年地震有声,是年楚府后殿震灾。"误。乾隆、同治《江夏县志》均作三年。

明神宗万历三年五月初一(公元1575年6月8日)

襄阳、郧阳二府属

〔万历三年六月丁亥(二十日)〕郧阳巡抚王世贞奏:本年五月初一、初二、初三,襄阳、郧阳二府属、河南南阳府等处地震。

《神宗实录》卷三十九

〔万历三年五月戊戌朔〕襄阳、郧阳及南阳府属地震三日。

《明史·五行志》卷三十

明神宗万历四年(公元1576年)

武昌府(治江夏,今武昌)

〔万历四年〕武昌府地大震。

康熙《武昌府志·灾异》卷四,康熙二十二年钞本

同治《江夏县志·祥异》卷八,同治八年刻本

蒲圻(今赤壁)

〔万历四年〕地大震。

康熙《蒲圻县志·纪异》卷十四,康熙十二年刻本

明神宗万历十一年二月初五日(公元1583年2月26日)

承天府(治钟祥)

〔万历十一年二月戊子〕承天府地震。

《神宗实录》卷一百三十三

《明史·五行志》卷三十

【按】

明宪宗子佑杬于成化二十三年封为兴王,设王府于德安(今安陆)。孝宗弘治四年迁安陆州(今钟祥),正德十四年薨谥献,为兴献王。武宗于正德十六年三月崩,无嗣,遗诏迎兴献王之子厚熜入承大统,即世宗嘉靖。嘉靖十年八月,以“龙飞旧邸”在安陆州,乃升之为府,钦定府名曰承天,县名曰钟祥。

明神宗万历十二年二月初六日(公元1584年3月17日)

英山

〔万历十二年二月初六日〕地震,房屋尽塌。

乾隆《英山县志·祥异》卷二十六,乾隆二十一年刻本

蕲水(今浠水)

〔万历十三年(?)二月〕地震。

顺治《蕲水县志·沿革》卷一,顺治十四年刻本

【按】

明代英山县属庐州府六安州。顺治《蕲水县志》记作十三年二月。安庆府及其属县县志,如万历、顺治、康熙《望江县志》,康熙《安庆府志》、《怀宁县志》、《潜山县志》、《宿松县志》,道光《桐城续修县志》均记作十二年二月初六日。

中央地震工作小组办公室《中国地震目录》作:“1584年3月6日(明万历十二年二月初六日)在英山(北纬30.8°、东经115.7°)发生$5\frac{1}{2}$级地震,震中烈度Ⅶ度。地震情况:房屋尽塌,浠水(记万历十三年)及安徽之宿松、望江均震。”上文误作公元1584年3月6日。

明神宗万历十七年二月(公元1589年3月16日—4月14日)

枝江

〔万历十七季(年)二月〕地震。

康熙《枝江县志·灾异》卷一,康熙九年刻本

明神宗万历十七年(公元1589年)

汉川

〔万历十七年〕旱,人饥相食,地震。

乾隆《汉川县志·祥异》卷五,乾隆三十八年刻本

明神宗万历十九年十二月(公元1592年1月15日—2月12日)

江陵(今荆州市荆州区)

〔万历十九年十二月〕地震。

康熙《荆州府志·祥异》附卷二,康熙二十四年刻本

枝江

〔万历十九季(年)〕地震。

康熙《枝江县志·灾异》卷一,康熙九年刻本

【按】

乾隆《荆州府志》、嘉庆《湖北通志》作:冬十二月枝江地震。

明神宗万历二十二年(公元1594年)

武昌府(治江夏,今武昌)

〔万历二十二年〕地震凡三昼夜。

康熙《武昌府志·灾异》卷三,康熙二十六年钞刻合订本

德安府(治安陆)

〔万历二十二年〕地震。

康熙《德安府全志·灾异》卷二,康熙二十四年钞本

明神宗万历二十七年七月二十四日(公元1599年9月13日)

承天府(治钟祥)、**沔阳州**(治沔城,今仙桃西南)

〔万历二十七年七月辛未〕湖广承天府、沔阳州及岳州地震。

《神宗实录》卷三百三十七

《明史·五行志》卷三十

明神宗万历三十年五月(公元1602年6月20日—7月18日)

枝江

〔万历三十年五月〕地震四次。

康熙《枝江县志·灾异》卷一,康熙九年刻本

江陵(今荆州市荆州区)

〔万历三十年五月〕荆州江陵地震,枝江一月四震。

康熙《荆州府志·祥异》卷二,康熙二十四年刻本

【按】

宣统《湖北通志》作:三十年二月枝江地震(府、县志)。查各版《荆州府志》、《枝江县志》均无记载。未录。

明神宗万历三十一年四月二十日午时(公元1603年5月30日12时)

承天府钟祥县(今钟祥市)

〔万历三十一年五月壬午〕湖广巡抚赵可怀奏:承天府钟祥县本年四月二十日午时地震,自东南方起,至西北方相继而去,各房屋震裂有声,瓦片坠地。系陵寝重地,为异常灾变,下部知之。

《神宗实录》卷三百八十四

〔万历三十一年四月丙午(二十日)〕承天府钟祥县地震,房屋摧裂。

《明史·五行志》卷三十

〔万历三十一年四月丙午(二十日)〕承天府钟祥县地震,房屋有摧裂者。

《钦定续文献通考》卷二百二十二

孝感

〔万历三十一年四月二十日〕地震。

康熙《孝感县志·灾异》卷六,康熙十二年刻本

景陵(今天门)

〔万历三十一年〕地震有声如雷。

康熙《景陵县志·灾祥》卷二,康熙七年刻本

【按】

兴献王陵寝在钟祥县北松林山,嘉靖十年置显陵县于此。嘉靖十八年,改荆州卫,置兴都留守司,统显陵、承天二卫,防护显陵。领州二、县五:荆门州、沔阳州、钟祥、京山、潜江、当阳、景陵。

李善邦《中国地震目录》作:"1603 年 5 月 30 日(明万历三十一年四月丙午),在钟祥(北纬 31.2°、东经 112.6°)发生 5 级地震。震中烈度Ⅵ度。房屋摧裂,瓦片坠地。天门、孝感亦震。"这次地震,震中似在钟祥东南,待考。

明神宗万历三十二年(公元 1604 年)

钟祥

〔万历三十二年〕地震。

康熙《钟祥县志·祥异》卷十,康熙五年刻本

康熙《安陆府志·郡纪》卷一,康熙六年刻本

汉川

〔万历三十二年〕汉川地再震。

康熙《汉阳府志·灾祥》卷十一,康熙八年钞本

江夏(今武昌)

〔万历三十二年〕地震凡三昼夜。

康熙《江夏县志·灾异》卷十五,康熙五十三年刻本

【按】

乾隆、同治、民国《江夏县志》所记同上。康熙《武昌府志》、康熙二十三年《江夏县志》未载。

明神宗万历三十三年二月(公元 1605 年 3 月 19 日—4 月 17 日)

武昌府(治江夏,今武昌)

〔万历三十三年二月〕地大震,三昼夜。

康熙《武昌府志·灾异》卷四,康熙二十二年钞本

康熙《江夏县志·灾祥》卷一,康熙二十二年刻本

蒲圻(今赤壁)

〔万历三十三年二月〕地震。

康熙《蒲圻县志·纪异》卷十四,康熙十二年刻本

黄冈

〔万历三十有三年〕地震。

万历《黄冈县志·祥异》卷十,万历三十六年刻本

【按】

嘉庆《湖北通志》作万历三十三年春二月蒲圻、黄冈地震。

明神宗万历三十三年四月二十二日(公元1605年6月8日)

武昌府(治江夏,今武昌)

〔万历三十三年四月丙寅〕湖广武昌府连日地震,其声如雷。

《神宗实录》卷四百零八

〔万历三十三年九月辛丑〕礼部言:比年灾异,地震独多。自三十一年五月二十三日京师地震,至于今未三年也。其间南北两直隶次至闽、蜀、山、陕、宣府,辽东,无处不震。今年则湖广武昌等处,山东宁海等处,而广东琼雷等郡,广西桂平等郡,至有陷城沉地,水涌(山)裂,屋宇尽倾,官民半死者,其为变异亦匪细矣。

《神宗实录》卷四百一十三

承天府(治钟祥)

〔万历三十六年十二月辛未〕云南道御史史学迁言:承天地震数日,行人皆仆。

《神宗实录》卷四百五十三

汉阳、荆州、德安府(治安陆)

〔万历四十年二月壬申〕湖广巡按史记事上言:臣入楚谒陵,闻骈戮诸宗时,祖陵地震连日夜。武昌、汉阳、荆州、德安同日地震者亦各数次……

《神宗实录》卷四百九十二

【按】

“闻骈戮诸宗时”,系指万历三十三年四月惩处楚诸宗闹事之时。《明史·楚王列传》卷一百一十六载:“巡抚赵可怀属有司捕治。宗人蕴鈔等方恨可怀治楚狱不平,遂大哄,殴可怀死。巡按吴楷以楚叛告。一贯拟发兵会剿。命未下,诸宗人悉就缚。于是斩二人,勒四人自尽,锢高墙及禁闲宅者复四十五人。三十三年四月也。”云南道御史史学迁谈宗楚谋反冤案,言及诸宗人行刑时承天地震。时间当在万历三十三年四月。《中国地震资料年表》定此条为三十六年十二月。误。

明神宗万历三十三年夏(公元1605年夏)

归州(治秭归)

〔万历三十三年夏〕地震二次。

万历《归州志·祥异》卷三,万历三十七年刻本

明神宗万历四十二年四月初二日(公元1614年5月10日)

武昌、汉阳、黄州等府

〔万历四十二年四月初二日〕湖广武昌、黄州、汉阳五府同日地震(总志)。

康熙《蕲州志·祥异》卷十二,康熙四年刻本

〔万历四十二年四月初二日〕湖广武昌、汉阳、黄州同日地震。

康熙《黄州府志·天文》卷一,康熙二十四年刻本

〔万历四十二年四月〕黄州地震。

康熙《湖广通志·祥异》卷三,康熙二十三年刻本

明神宗万历四十二年八月初七日(公元1614年9月10日)

钟祥

〔万历四十二年〕秋祭,珰杜茂强拜文庙,方揖,地震。屋瓦有声,狂风灭烛,香案倾倒。珰大惭,惧而归。月余不出视事。

乾隆《湖北下荆南道志·杂记》卷二十八,乾隆五年刻本

【按】

同治《钟祥县志》所记略同。秋祭文庙(孔庙)时间,据《明史·礼志》卷五十:"每岁春、秋仲月上丁日行事。"万历四十二年仲秋为八月,上丁日为丁亥,即八月初七日。秦、汉中常侍兼用士人,冠皆银珰左貂。东汉明帝以后,专用阉人,改以金珰右貂,故世称宦官为珰。杜茂强为当时兴都司礼太监。

明神宗万历四十二年九月十八日(公元1614年10月20日)

武昌(今鄂州市)**等处**

〔万历四十二年九月丁卯〕湖广武昌等处地震。

《神宗实录》卷五百二十四

明神宗万历四十五年冬(公元1617年冬)

随州

〔万历四十五年冬〕地震。有白气如偃月刀,夜见于东方,月余乃退。

康熙《随州志·祥异》卷四，康熙六年刻本

明神宗万历四十七年八月(公元1619年9月8日—10月6日)

黄冈

〔万历四十七年八月〕地震。

乾隆《黄冈县志·祥异》卷十九，乾隆二十四年刻本

明神宗万历四十七年(公元1619年)

随州

〔万历四十七年〕夜地动。十二月三十夜，四方有赤光，如枪形。

康熙《随州志·祥异》卷四，康熙六年刻本

【按】

乾隆《随州志》、光绪《德安府志》作：四十七年十二月地震，除夕有赤光如刃形。

明神宗万历四十八年二月初二日(公元1620年3月5日)

沔阳等州、京山等县

〔万历四十八年二月庚戌〕湖广沔阳等州、京山等县地震。

《神宗实录》卷五百九十一

荆州、襄阳、承天(今钟祥)

〔万历四十八年二月庚戌〕云南及肇庆、惠州、荆州、襄阳、承天、沔阳、京山皆地震。

《明史·五行志》卷三十

〔泰昌元年十二月壬申〕是岁，山东省城及泰安肥城皆雨土……。云南各府俱猛雨狂风，昼晦地震。湖广荆、襄、承天州县各地震。广东

肇庆、惠州各县地大震。礼部类奏又言……然犹八月以前灾异也。

《熹宗实录》卷四

【按】

《中国地震资料年表》将泰昌元年十二月湖广荆、襄、承天州县各地震,单列一条。误。光宗于万历四十八年八月丙午朔即位,九月乙亥朔崩,在位一月。熹宗即位,从廷臣议,改万历四十八年八月以后为泰昌元年。上文泰昌元年十二月壬申是向皇帝上奏的时间,不是地震发生的时间,原文有:"然犹八月以前灾异也。"八月以前为万历四十八年,上述湖广地震,即指万历四十八年二月初二日地震。

明思宗崇祯二年三月(公元1629年3月25日—4月22日)

湖广(湖广承宣布政使司治所江夏,今武昌)

〔崇祯二年〕湖广地震,有声如雷。(夏又震,十月又震。)

康熙《湖广通志·祥异》卷三,康熙二十三年刻本

黄州

〔崇祯二年三月〕天下大震,蕲、黄尤甚,有声如雷,屋瓦摇坠。(夏又震,十月又震。)

乾隆《黄州府志·祥异》卷二十,乾隆十四年刻本

黄冈

〔崇祯二年三月〕地震,一日五震,有声如雷,屋瓦摇坠。(夏又震,十月又震。)

道光《黄冈县志·祥异》卷二十三,道光二十八年刻本

罗田

〔崇祯元年(?)春〕地震有声如雷。(夏冬复震。)

光绪《罗田县志·祥异》卷八,光绪二年刻本

蕲州

〔崇祯二年己巳三月〕天下大震,蕲、黄尤甚,一日五震,有声如雷,

自东北来,屋瓦摇坠。(夏又震,十月又震。)(通纪)

康熙《蕲州志・祥异》卷十二,康熙四年刻本

蕲水(今浠水)

〔崇祯二年三月〕地震,一日五震,有声如雷,屋瓦摇坠。是时天下皆震。(夏又震,冬十月又震。)

乾隆《蕲水县志・祥异》卷末,乾隆二十三年钞本

黄安(今红安)

〔崇祯元(?)年春〕湖广地震有声。(夏冬复震。)

康熙《黄安县志・祥异》卷一,康熙三十六年刻本

明思宗崇祯二年夏(公元1629年夏)

湖广(湖广承宣布政使司治所江夏,今武昌)

〔崇祯二年〕(湖广地震,有声如雷。)夏又震。(十月又震。)

康熙《湖广通志・祥异》卷三,康熙二十三年刻本

黄州

〔崇祯二年〕(三月,天下大震,蕲、黄尤甚,有声如雷,屋瓦摇坠。)夏又震。(十月又震。)

乾隆《黄州府志・祥异》卷二十,乾隆十四年刻本

黄冈

〔崇祯二年〕(三月地震,一日五震,有声如雷,屋瓦摇坠。)夏又震。(十月又震。)

道光《黄冈县志・祥异》卷二十三,道光二十八年刻本

罗田

〔崇祯元年(?)〕(春,地震有声如雷。)夏冬复震。

光绪《罗田县志・祥异》卷八,光绪二年刻本

蕲州

〔崇祯二年己巳〕(三月天下大震,蕲、黄尤甚,一日五震,有声如雷,自东北来,屋瓦摇坠。)夏又震。(十月又震。)　(通纪)

康熙《蕲州志·祥异》卷十二,康熙四年刻本

蕲水(今浠水)

〔崇祯二年〕(三月地震,一日五震,有声如雷,屋瓦摇坠。是时天下皆震。)夏又震。(冬十月又震。)

乾隆《蕲水县志·祥异》卷末,乾隆二十三年钞本

黄安(今红安)

〔崇祯元(?)年〕(湖广地震有声。)夏冬复震。

康熙《黄安县志·祥异》卷一,康熙三十六年刻本

明思宗崇祯二年十月(公元1629年11月15日—12月14日)

湖广(湖广承宣布政使司治所江夏,今武昌)

〔崇祯二年〕(湖广地震,有声如雷。夏又震。)十月又震。

康熙《湖广通志·祥异》卷二,康熙二十三年刻本

黄州

〔崇祯二年〕(三月,天下大震,蕲、黄尤甚,有声如雷,屋瓦摇坠。夏又震。)十月又震。

乾隆《黄州府志·祥异》卷二十,乾隆十四年刻本

黄冈

〔崇祯二年〕(三月地震,一日五震,有声如雷,屋瓦摇坠。夏又震。)十月又震。

道光《黄冈县志·祥异》卷二十三,道光二十八年刻本

罗田

〔崇祯元年(?)〕(春,地震有声如雷。)夏冬复震。

光绪《罗田县志·祥异》卷八,光绪二年刻本

蕲州

〔崇祯二年己巳〕(三月天下大震,蕲、黄尤甚,一日五震,有声如雷,自东北来,屋瓦摇坠。夏又震。)十月又震。(通纪)

康熙《蕲州志·祥异》卷十二,康熙四年刻本

蕲水(今浠水)

〔崇祯二年〕(三月地震,一日五震,有声如雷,屋瓦摇坠。是时天下皆震。夏又震。)冬十月又震。

乾隆《蕲水县志·祥异》卷末,乾隆二十三年钞本

黄安(今红安)

〔崇祯元(?)年春〕(湖广地震有声。)夏冬复震。

康熙《黄安县志·祥异》卷一,康熙三十六年刻本

明思宗崇祯三年夏(公元1630年夏)

景陵(今天门)

〔崇祯三年〕元旦日晕生珥。夏地震二次,房屋皆折。

康熙《景陵县志·灾祥》卷二,康熙七年刻本

康熙《天门县志·灾祥》卷二,康熙三十一年刻本

汉川

〔崇祯三年〕元旦日晕生珥。夏地震,房屋多折(林志稿)。

同治《汉川县志·祥祲》卷十四,同治十二年刻本

应山(今广水)

〔崇祯三年六月〕地震。

同治《应山县志·祥异》卷一,同治十年刻本

【按】

康熙《应山县志》记为二年六月。宣统《湖北通志》作:四月应山、汉川地震。

李善邦《中国地震目录》、中央地震工作小组办公室《中国地震目录》作:"1630年夏(明崇祯三年夏)在汉川、天门(北纬30.7°、东经113.5°)发生5级地震,震中烈度Ⅵ度,房屋皆折。注:汉川、天门相距约50公里。"据上文经纬度,震中位置应在汉川。

明思宗崇祯三年七月十七日子时(公元1630年8月24日零时)

沔阳(今仙桃)

〔崇祯三年秋七月〕沔阳地震。(九月又震,倾屋伤人。)

康熙《安陆府志·郡纪》卷一,康熙六年刻本

〔崇祯三年秋七月十七日子时〕地震。(九月初九日未时又震,倾墙屋伤人。)

乾隆《沔阳州志·灾祥》卷十三,乾隆五年刻本

〔崇祯三年秋七月〕沔阳地震。(九月又震,倾屋伤人。十二月夜地震有声,枣阳地震亦然。)

乾隆《湖北下荆南道志·祥异》卷一,乾隆五年刻本

明思宗崇祯三年九月初九日未时(公元1630年10月14日14时)

沔阳(今仙桃)

〔崇祯三年〕(秋七月沔阳地震。)九月又震,倾屋伤人。

康熙《安陆府志·郡纪》卷一,康熙六年刻本

〔崇祯三年〕(秋七月十七日子时地震。)九月初九日未时又震,倾墙屋伤人。

乾隆《沔阳州志·灾祥》卷十三,乾隆五年刻本

〔崇祯三年〕(秋七月沔阳地震。)九月又震,倾屋伤人。(十二月夜,地震有声,枣阳地震亦然。)

乾隆《湖北下荆南道志·祥异》卷一,乾隆五年刻本

【按】

元至元十五年(1278年)改复州路为沔阳府,明洪武改为直隶州,嘉靖中降为散州,治所在今仙桃西南沔城。

李善邦《中国地震目录》作:“1630年10月14日(明崇祯三年九月九日)在沔阳(北纬30.4°、东经113.4°)发生5级地震,震中烈度Ⅵ度。倾墙屋伤人。”上文所定的震中位置,中央地震工作小组办公室《中国地震目录》、国家地震局《中国地震简目》将经度东移0.1°至仙桃镇(北纬30.4°、东

经113.5°)。仙桃镇是1952年才迁入的县治,应改在老沔城西(北纬30.2°、东经113.2°)为宜。

明思宗崇祯三年十二月(公元1631年1月2日—1月31日)

沔阳(今仙桃)

〔崇祯三年〕(秋七月沔阳地震,九月又震,倾屋伤人。)十二月夜,地震有声,枣阳地震亦然。

乾隆《湖北下荆南道志·祥异》卷一,乾隆五年刻本

明思宗崇祯三年十二月(公元1631年1月2日—1月31日)

枣阳

〔崇祯三年冬〕枣阳,夜,地震有声。

顺治《襄阳府志·灾祥》卷十九,顺治九年刻本

〔崇祯三年庚午冬十二月〕地震有声。

咸丰《枣阳县志·祥异》卷十五,咸丰四年稿本

襄阳

〔崇祯三年十二月〕夜,襄阳地震有声。

顺治《襄阳府志·灾祥》卷十九,顺治九年刻本

谷城

〔崇祯三年冬十二月〕地震。

同治《谷城县志·祥异》卷八,同治六年刻本

明思宗崇祯四年五月(公元1631年5月31日—6月28日)

黄梅

〔崇祯四年辛未〕地震二次。

顺治《黄梅县志·祥异》卷三,顺治十七年刻本

〔崇祯四年五月〕黄梅地震一月。

康熙《湖广通志·祥异》卷三,康熙二十三年刻本

明思宗崇祯四年七月十七日(公元1631年8月14日)

武昌府(治江夏,今武昌)、**承天府**(治钟祥)、**荆州府**(治江陵,今荆州市荆州区)

〔崇祯四年七月己丑〕湖广常德府,夜半,地震有声,从西北起,其响如雷,须臾黑气障天,震撼动地,井泉溢溢,地裂孔穴,浆水涌出,带有黄沙者六处,倒塌荣府宫殿及城垣房屋无数,压死男妇六十人。同日,所属桃源、龙阳、沅江及武昌府,辰州府属沅陵、沅州,靖州属会同县,长沙府属长沙、善化、湘潭、宁乡、湘阴、醴泉、安化,承天府属钟祥、沔阳、潜江、景陵等州县俱震。又于次日,澧州亦震数次,城内地裂,城墙房屋崩坏,压死居民十余人;王家井喷出黄水,铁尺堰喷出黑水,彭山崩倒,河为之淤。又荆州府同日亦震,坏城垣十之四,民舍十之三,压死军民十余人。巡按白士麟以闻。

《明实录附录·崇祯长编》卷四十八

江陵(今荆州市荆州区)

〔崇祯辛未年七月十七日〕夜半,天忽通红,声如雷,民之卧于市街者,相互翻于闾左。先是五、六月以来,淫雨不已,遂相骇为沉地,惊喊持泣,稍乃知其为地震也。

康熙《荆州府志·补遗》卷四十一,康熙二十四年刻本

夷陵(今宜昌)

〔崇祯四年夏〕地震。

乾隆《东湖县志·天文》卷二,乾隆二十八年刻本

同治《宜昌府志·天文》卷一,同治四年刻本

兴山

〔崇祯四年夏〕地震。

同治《兴山县志·祥异》卷十,同治四年刻本

宜都

〔崇祯四年七月〕夜,地震,动摇有声。十月复震。

康熙《宜都县志·灾祥》卷十一,康熙三十六年刻本

长阳

〔崇祯四年七月〕地震,动摇有声。十月复震。

同治《长阳县志·灾祥》卷七,同治五年重修本

蒲圻(今赤壁)

〔崇祯四年七月十八日〕寅时地震,空中蓬蓬有声,室庐如荡舟动旆。

康熙《蒲圻县志·纪异》卷十四,康熙十二年刻本

随州

〔崇祯四年七月〕地震。

康熙《随州志·祥异》卷四,康熙六年刻本

【按】

以上所记地震为公元1631年8月14日湖南常德、澧州间(北纬29.3°,东经111.9°)$6\frac{1}{2}$级地震及其余震波及。

明思宗崇祯四年九月二十一目(公元1631年10月16日)

郧阳(治郧县,今十堰市郧阳区)

〔崇祯四年九月壬辰〕郧阳地震。

《明实录附录·崇祯长编》卷五十

明思宗崇祯四年十月十二日丑时(公元1632年11月5日02时)

蒲圻(今赤壁)

〔崇祯四年十月十二日丑时〕复震。

康熙《蒲圻县志·纪异》卷十四,康熙十二年刻本

明思宗崇祯四年十二月十二日(公元1632年2月2日)

武昌府(治江夏,今武昌)

〔崇祯四年十二月十二日〕地复震。

康熙《武昌府志·灾异》卷三,康熙二十六年钞刻合订本

【按】

康熙、雍正《湖广通志》,嘉庆、宣统《湖北通志》均未载。明陶汝鼐《荣木堂诗集》卷一,四年辛未冬夜寄武陵姚纬子有"时湖北地大震"的记载。

明思宗崇祯五年十二月二十五日(公元1633年2月3日)

竹溪

〔崇祯五年〕竹溪地震,墙屋多倾(志稿)。

道光《竹溪县志·灾祥》卷十二,道光七年刻本

房县

〔崇祯五年〕五月(?)房县地震。

同治《房县志·祥异》卷六,同治四年刻本

竹山

〔崇祯五年〕房、竹地震。

康熙《竹山县志·纪事》卷二十九,康熙二十一年钞本

襄阳

〔崇祯五年十二月二十五日〕襄阳县,昼,地震。

顺治《襄阳府志·灾祥》卷十九,顺治九年刻本

南漳

〔崇祯五年冬〕襄阳、南漳地震。

康熙《湖广通志·祥异》卷三,康熙二十三年刻本

【按】

康熙《湖广通志》作:五年,房、竹等处地震,五年冬,襄阳南漳地震。嘉庆《湖北通志》作:五年,竹溪地震,襄阳、南漳地震。宣统《湖北通志》作:五年十一月,襄阳、南漳、竹山、竹溪地震。乾隆《湖北下荆南道志》作:五年十二月二十五日,襄阳地震,南漳亦然。房、竹地亦震。今从《湖北下荆南道志》作:五年十二月二十五日地震。

李善邦《中国地震目录》作:“1633 年 2 月 3 日(明崇祯五年十二月二十五日)在竹溪(北纬 32.4°、东经 109.7°)发生 5 级地震,震中烈度Ⅵ度。房屋多倾,竹山、房县、南漳均震(南漳在竹溪之东南约 150 公里)。”中央地震工作小组办公室《中国地震目录》、国家地震局《中国地震简目》均作崇祯五年(1633 年)。

明思宗崇祯六年二月二十八日巳时(公元 1633 年 4 月 6 日 18 时)

黄州

〔崇祯六年二月〕黄州郡县皆地震。

康熙《湖广通志·祥异》卷三,康熙二十三年刻本

〔崇祯六年二月廿八日〕地震如雷。

康熙《黄州府志·天文》卷一,康熙二十四年刻本

蕲水(今浠水)

〔崇祯六年二月廿八日巳时〕地震,声如雷,自西北来。

顺治《蕲水县志·沿革》卷一,顺治十四年刻本

蕲州

〔崇祯六年春〕蕲、黄又地震,来东北方,声如雷(旧志)。

康熙《蕲州志·祥异》卷十二,康熙四年刻本

黄安(今红安)

〔崇祯六年〕地震有声。

康熙《黄安县志·祥异》卷一,康熙三十六年刻本

罗田

〔崇祯六年〕地震有声。

康熙《罗田县志·祥异》卷一,康熙五十七年刻本

武昌府(治江夏,今武昌)

〔崇祯六年〕地震,江涌如沸。

康熙《武昌府志·灾异》卷四,康熙二十二年钞本

康熙《江夏县志·灾祥》卷一,康熙二十二年钞本

当阳

〔崇祯六年〕地震,龟山夜鸣,山顶祖师殿木鱼忽自开合。

康熙《当阳县志·祥异》卷三十一,康熙八年刻本

远安

〔崇祯六年〕地震。

顺治《远安县志·祥异》卷四,顺治十八年刻本

明思宗崇祯七年二月二十七日(公元 1634 年 3 月 26 日)

黄州、武昌(今鄂州市)

〔崇祯七年二月二十七日巳刻〕有声自西北来,如雷,地为之动,坐立之人,摇摇如在舟中,房屋皆震。黄州城倾数垛,武昌诸处皆然,横亘凡二千余里。

光绪《湖北通志志余·祥异》第八册,光绪间钞本

光绪《武昌县志·祥异》卷十,光绪十一年刻本

蕲州

〔崇祯七年〕蕲、黄又地震(旧志)。

康熙《蕲州志·祥异》卷十二,康熙四年刻本

〔崇祯七年〕蕲、黄地震。春二月二十七日有声自西北来,如雷,地为之动,屋瓦皆震。三月戊子,黄州昼晦如夜。

光绪《黄州府志·祥异》卷四十,光绪十年刻本

蕲水(今浠水)

〔崇祯七年〕又震,三月昼晦。

乾隆《蕲水县志·灾祥》卷末,乾隆五十九年刻本

景陵(今天门)

〔崇祯七年春〕地复震。

康熙《景陵县志·灾祥》卷二,康熙七年刻本

明思宗崇祯七年三月初二日巳时(公元1634年3月30日10时)

罗田

〔崇祯七年二月(?)初一〕日食。初二巳时地震,河水播起数尺,屋舍倾倒。

康熙《罗田县志·灾祥》卷七,康熙四年钞本

黄州

〔崇祯七年〕三月初二日黄州昼晦。明日地震,声如雷。

《绥寇纪略·地震》卷十二

《二申野录》卷八

【按】

康熙《罗田县志》作二月初一日食应为三月初一。《明史·庄烈帝纪》卷二十三作:崇祯七年三月丁亥朔,日有食之。朱文鑫《历代日食考》亦作七年三月丁亥。《绥寇纪略》、《二申野录》记地震于昼晦的次日,即三月初三日。今从《罗田县志》记地震于日食的次日即三月初二日。

李善邦《中国地震目录》作:"1634年3月(明崇祯七年二月)在黄冈、罗田(北纬30.5°、东经115.0°)发生6级地震。黄州(黄冈)城倾数垛,罗田屋舍倾倒,河水播起数尺。此次地震波及面积很大。湖北、江西、安徽沿长江各州县均有记载,但时间甚为参差,黄州作崇祯七年二月二十七日,罗田作七年二月二日。武汉(江涌如沸)、黄安、浠水、蕲州、远安、当阳均作崇祯六年,无日月;天门作七年春;江西各州县:鄱阳、九江、都昌、瑞昌、湖口均

作七年三月;安徽各县:桐城、潜山、望江、安庆、怀宁、太湖、宿松均作七年一月二十八日地震,屋宇动摇。以上各地记录从地理分布看,很可能发自一个震中,而记录时间有参差。”中央地震工作小组办公室《中国地震目录》定震级为$5\frac{1}{2}$级、震中位置为北纬 30.7°、东经 115.1°。

明思宗崇祯七年六月(公元 1634 年 6 月 25 日—7 月 24 日)

德安府(治安陆)

〔崇祯七年六月〕地震。屋础动摇,卧者多仆于地。

康熙《德安府全志·灾异》卷二,康熙二十四年钞本

康熙《德安安陆郡县志·灾祥》卷八,康熙五年刻本

应城

〔崇祯七年〕地震。

康熙《应城县志·灾祥》·卷三,康熙十年刻本

武昌府(治江夏,今武昌)

〔崇祯七年六月〕地震。

康熙《武昌府志·灾异》卷四,康熙二十二年钞本

同治《江夏县志·祥异》卷八,同治八年刻本

汉川

〔崇祯七年〕汉川复地震。

同治《汉川县志·祥祲》卷十四,同治十二年刻本

咸宁

〔崇祯七年六月〕地震,屋础动摇,卧者多仆于地。

康熙《咸宁县志·灾异》卷六,康熙四年刻本

通城

〔崇祯七年〕地震。

同治《通城县志·祥异》卷二十二,同治六年活字本

荆州府(治江陵,今荆州市荆州区)

〔崇祯七年〕荆州、枝江,地大震。荆州鼓楼灾。

康熙《荆州府志·祥异》卷二，康熙二十四年刻本

枝江

〔崇祯七季(年)〕地震。

康熙《枝江县志·灾异》卷一，康熙九年刻本

【按】

宣统《湖北通志》作："六月罗田、安陆、枝江、江夏、汉川、通城、应城、咸宁地震(各府、州、县志)。"

明思宗崇祯八年二月六日(公元1635年3月24日)

孝感

〔崇祯八年二月六日〕地震。

康熙《孝感县志·灾异》卷六，康熙十二年刻本

【按】

乾隆《汉阳府志》作：八年二月孝感地震。

明思宗崇祯八年三月(公元1635年4月17日—5月15日)

广济(今武穴)

〔崇祯八年三月〕河鱼大上，地震有声。

康熙《广济县志·灾祥》卷二，康熙三年刻本

明思宗崇祯八年冬(公元1635年冬)

黄州

〔崇祯八年冬〕黄州郡县地大震，嗣是屡震。

康熙《湖广通志·祥异》卷三，康熙二十三年刻本

康熙《黄安县志·祥异》卷一，康熙三十六年刻本

黄冈

〔崇祯八年冬〕地大震。

道光《黄冈县志·祥异》卷二十三,道光二十八年刻本

蕲水(今浠水)

〔崇祯八年〕又震。

乾隆《蕲水县志·祥异》卷末,乾隆二十三年刻本

蕲州

〔崇祯八年冬〕蕲、黄,地大震,嗣是屡震(旧志)。

康熙《蕲州志·祥异》卷十二,康熙四年刻本

明思宗崇祯九年五月(公元1636年6月3日—7月2日)

随州

〔崇祯九年五月〕地震,声响如雷,墙屋皆动。

康熙《随州志·祥异》卷四,康熙六年刻本

【按】

宣统《湖北通志》作:九年夏,应城汤池忽冷七日。

明思宗崇祯九年(公元1636年)

通城

〔崇祯九年〕地动三次。

康熙《通城县志·灾异》卷九,康熙十一年增刻本

【按】

康熙《武昌府志》作:九年通城地震。

明思宗崇祯十二年三月(公元1639年4月3日—5月2日)

沔阳(今仙桃)

〔崇祯十二年春三月〕沔阳地震。

康熙《安陆府志·郡纪》卷一,康熙六年刻本

明思宗崇祯十二年四月(公元1639年5月3日—31日)

石首

〔崇祯十二年〕地震。

乾隆《石首县志·灾异》卷二,乾隆元年刻本

〔崇祯十二年四月〕地震。

同治《石首县志·祥异》卷三,同治五年刻本

明思宗崇祯十三年八月(公元1640年9月16日—10月14日)

黄冈

〔崇祯十三年秋八月〕地震,声如雷,民舍坏。

乾隆《黄冈县志·祥异》卷十九,乾隆二十四年刻本

【按】

乾隆(五十四年版)、道光、光绪《黄冈县志》所记同上。嘉庆、宣统《湖北通志》作:十三年黄冈地震有声如雷。《明史·五行志》卷二十九作:"十二年,黄州鼠食禾,渡江五、六日不绝。"《明史·五行志》卷三十又作:"十三年三月丙申(十五日),蕲州城隍庙古钟自鸣。"康熙《蕲州志》作:"十三年七月蕲州江岸逆月港忽地裂崩,房屋俱陷。"

李善邦《中国地震目录》作:"1640年9月(崇祯十三年八月)在黄冈(北纬30.5°、东经114.9°)发生5级地震,震中烈度Ⅵ度。坏民居。"中央地震工作小组办公室《中国地震目录》改为北纬30.4°。似仍以北纬30.5°为宜。

明思宗崇祯十三年(公元 1640 年)

枝江

〔崇祯十三季(年)〕地震。

康熙《枝江县志・灾异》卷一,康熙九年刻本

明思宗崇祯十四年四月二十一日(公元 1641 年 5 月 25 日)

湖广(湖广承宣布政使司治所江夏,今武昌)

〔崇祯十四年四月丙寅〕湖广地震。

《明史・五行志》卷三十

黄州

〔崇祯十四年四月〕湖广地震、黄州地大震(《明史・五行志》,州、县志)。

宣统《湖北通志・祥异》卷七十五,民国十年铅印本

蕲州

〔崇祯十四年〕蕲州地震……李某家地下有声如牛。

光绪《黄州府志・祥异》卷十四,光绪十年刻本

【按】

《绥寇纪略》作:十四年正月湖广地震,巡抚宋一鹤以闻。所记月份有误。宣统《湖北通志》所记黄州地大震,康熙、乾隆、光绪《黄州府志》,乾隆、道光、光绪《黄冈县志》均未载。宣统《湖北通志》另记:"十四年鄂城江水浊如泥,臭不可食者二昼夜,或谓之翻江。"

清　　朝

（公元 1644 年—1911 年）

清顺治元年冬（公元 1644 年冬）

石首

〔顺治元年冬〕石首地震。

《清史稿·灾异志》卷四十四

【按】

康熙、乾隆、同治《石首县志》均无此记载。

清顺治元年（公元 1644 年）

均州（治均县，今丹江口）

〔顺治元年〕均州地震。

宣统《湖北通志·祥异》卷七十五，民国十年铅印本

清顺治三年（公元 1646 年）

石首

〔清顺治三年〕地微震。

乾隆《石首县志·灾祥》卷四，乾隆元年刻本

【按】

《中国地震资料年表》据嘉庆《湖北通志》作：三年正月石首地震。查原书无“正月”二字。

清顺治七年春(公元 1650 年春)

景陵(今天门)

〔顺治七年春〕地震。

康熙《景陵县志·灾祥》卷二,康熙七年刻本

潜江

〔顺治七年春〕地震。

康熙《潜江县志·灾祥》卷二,康熙三十三年刻本

汉川

〔顺治七年〕地震。

同治《汉川县志·祥祲》卷十四,同治十二年刻本

清顺治八年二月初三日(公元 1651 年 3 月 23 日)

沔阳州(治沔城,今仙桃西南)

〔顺治八年二月〕沔阳地震。

康熙《安陆府志·郡纪》卷一,康熙六年刻本

〔顺治八年辛卯春二月初三日〕地震,初十日复震。

乾隆《沔阳州志·灾祥》卷十三,乾隆五年刻本

汉川

〔顺治八年二月初八(?)〕汉川地震,初十复震。

同治《汉川县志·祥祲》卷十四,同治十二年刻本

【按】

宣统《湖北通志》作:八年二月汉川、沔阳地震,越七日复震(各州、县志)。

清顺治九年正月至二月(公元 1652 年 2 月 10 日—4 月 7 日)

黄州府(治黄州)

〔顺治九年正月〕朔旦,黄州屡震,雷电大雪,十五日黄冈上伍乡雨

黑水如汁,自正月至二月郡县地屡震。

康熙《黄州府志·天文》卷一,康熙二十四年刻本

道光《黄冈县志·祥异》卷二十三,道光二十八年刻本

英山

〔顺治九年春三月(?)〕地震,屋瓦响声不绝。

康熙《英山县志·祥异》卷一,康熙二十三年刻本

蕲水(今浠水)

〔顺治九年〕元旦雷电大雪,自正月至二月地屡震。是岁大旱。

乾隆《蕲水县志·祥异》卷末,乾隆二十三年钞本

黄安(今红安)

〔顺治九年〕大旱饥,黄州郡县地震。

康熙《黄安县志·祥异》卷一,康熙三十六年刻本

罗田

〔顺治九年〕旱,地震。

光绪《罗田县志·祥异》卷八,光绪二年刻本

广济(今武穴)

〔顺治九年〕正月十五日至二月十四日,地以夜震者三,是岁大旱。

康熙《广济县志·灾祥》卷二,康熙三年刻本

汉阳府(治汉阳)

〔顺治九年正月朔〕大云日旱,地震。

康熙《汉阳府志·灾祥》卷十一,康熙八年钞本

黄陂

〔顺治九年〕春正月朔旦震电,大雪。是月至二月郡县地震。

同治《黄陂县志·天文》卷一,同治十年刻本

潜江

〔顺治九年正月元旦〕潜江地震。

《清史稿·灾异志》卷四十四

襄阳

〔顺治九年二月〕夜,襄阳地震,自南而北。

顺治《襄阳府志·灾祥》卷十九,顺治九年刻本

均州(治均县,今丹江口)

〔顺治九年春〕夜,均州地震。

顺治《襄阳府志·灾祥》卷十九,顺治九年刻本

康熙《均州志·灾祥》卷二,康熙十二年刻本

【按】

以上所记地震为公元1652年2月10日安徽霍山(北纬31.4°、东经116.3°)5级地震和同年3月23日安徽霍山东北(北纬31.5°、东经116.5°)6级地震波及。

清顺治九年四月(公元1652年5月8日—6月5日)

汉阳

〔顺治九年四月〕雨黑米,味如枯木。地震。自是月不雨至于八月。大饥。

乾隆《汉阳县志·祥异》卷四,乾隆十三年刻本

清顺治十四年秋(公元1657年秋)

宜城

〔顺治十四年秋〕地震。

康熙《宜城县志·灾祥》卷末,康熙二十二年刻本

清康熙二年正月二十五日(公元1663年3月4日)

钟祥

〔康熙二年正月二十五日〕夜,地大震,次日五震。(二月初四日卯时连震,五月大旱。)

康熙《钟祥县志·祥异》卷十,康熙五年刻本

〔康熙二年正月二十五日〕夜,钟祥地大震。(二月初四日卯时连震,五月二十九日夜复震,是月大旱。)

康熙《安陆府志·郡纪》卷一,康熙六年刻本

【按】

康熙《湖广通志》作:二年正月二十五日夜,钟祥地大震,二月至五月复震,咸宁地震有声。嘉庆《湖北通志》作:二年春钟祥地屡震,有声如雷,五月钟祥、安陆地震。宣统《湖北通志》作:二年正月,咸宁、钟祥、安陆地震,有声如雷。

清康熙二年二月初四日卯时(公元1663年3月13日6时)

钟祥

〔康熙二年〕(正月二十五日夜,地大震。)二月初四日卯时连震,五月大旱。

康熙《钟祥县志·祥异》卷十,康熙五年刻本

〔康熙二年〕(正月二十五日夜,钟祥地大震。)二月初四日卯时连震。(五月二十九日夜复震,是月大旱。)

康熙《安陆府志·郡纪》卷一,康熙六年刻本

清康熙二年五月二十一日(公元1663年6月26日)

咸宁

〔康熙二年五月二十一日〕地震,自东徂西,有声。

康熙《咸宁县志·灾异》卷六,康熙四年刻本

安陆

〔康熙二年五月二十一日〕地震,自东徂西,有声。

康熙《德安安陆郡县志·灾祥》卷八,康熙五年刻本

应城

〔康熙二年五月二十一日〕地震。

康熙《应城县志·灾祥》卷三,康熙十年刻本

【按】

雍正、咸丰《应城县志》作五年五月二十一日。误。未录。道光、咸丰《安陆县志》,光绪《德安府志》作:二年秋七月天鼓鸣(沈志),安陆地震(《湖广通志》)。查康熙、雍正《湖广通志》无此记载。嘉庆《湖北通志》作:二年五月钟祥、安陆地震。亦无七月地震条。疑误,未录。

清康熙二年五月二十九日(公元 1663 年 7 月 4 日)

钟祥

〔康熙二年〕(正月二十五日夜,钟祥地大震,二月初四日卯时连震。)五月二十九日夜复震,是月大旱。

康熙《安陆府志·郡纪》卷一,康熙六年刻本

【按】

康熙《钟祥县志》未载"五月二十九日夜复震",乾隆、同治《钟祥县志》与康熙《安陆府志》所记相同。

清康熙七年正月二十六日(公元 1668 年 3 月 8 日)

大冶

〔康熙七年正月二十六日〕夜,彗星见西方,大冶地震。

康熙《湖广通志·祥异》卷三,康熙二十三年刻本

【按】

雍正《湖广通志》,嘉庆、宣统《湖北通志》,康熙三种版本《武昌府志》,康熙、同治《大冶县志》均未载。

清康熙七年六月十七日(公元1668年7月25日)

黄州府(治黄州)

〔康熙七年六月十七日〕地震。

乾隆《黄冈县志·祥异》卷十九,乾隆二十四年刻本

光绪《黄州府志·祥异》卷四十,光绪十年刻本

英山

〔康熙六年(?)六月〕地震。

康熙《英山县志·祥异》卷一,康熙二十三年刻本

麻城

〔康熙七年六月十七日〕甲申地震。

光绪《湖北通志志余·祥异》第九册,光绪年间钞本

蕲州

〔康熙七年六月十七日甲申〕地震。

顾景星《白茅堂集》卷十四,宣统三年刻本

大冶

〔康熙七年六月〕地震。

康熙《大冶县志·祥异》卷九,康熙十一年钞本

孝感

〔康熙七年〕地震。

康熙《孝感县志·祥异》卷十四,嘉庆十六年重刻本

汉川

〔康熙七年六月十七日〕夜,地震,自西北起,盂水荡出,瓦柱铮铮有声。

同治《汉川县志·祥祲》卷十四,同治十二年刻本

沔阳州(治沔城,今仙桃西南)

〔康熙七年六月十七日戌时〕地震,从东南而北。二十三日夜半,地又震。

乾隆《沔阳州志·祥异》卷十三,乾隆五年刻本

咸宁

〔康熙七年六月〕地震。

康熙《咸宁县志·灾异》卷六,康熙四年刻本

【按】

以上所记地震为公元 1668 年 7 月 25 日山东莒县-郯城(北纬 35.3°、东经 118.6°)8$\frac{1}{2}$级地震波及。

清康熙七年七月二十五日(公元 1668 年 9 月 1 日)

潜江

〔康熙七年七月二十五日〕夜,地震。

康熙《潜江县志·灾祥》卷二,康熙三十三年刻本

《清史稿·灾异志》卷四十四

清康熙十年三月(公元 1671 年 4 月 9 日—5 月 8 日)

大冶

〔康熙十年三月〕地震有声,自东南来。

康熙《大冶县志·祥异》卷九,康熙十一年钞本

清康熙十三年(公元 1674 年)

竹溪

〔康熙十三年〕竹溪地震。

嘉庆《郧阳府志·祥异》卷九,嘉庆二年刻本

清康熙二十五年七月十七日(公元 1686 年 9 月 4 日)

宜都、宜昌

〔康熙二十五年七月十七日〕宜都、宜昌地震。

《清史稿·灾异志》卷四十四

【按】

康熙、同治《宜都县志》,同治《宜昌府志》均无此记载。

清康熙三十四年四月初六日(公元1695年5月18日)

谷城

〔康熙三十四年四月初六〕地震。

同治《谷城县志·祥异》卷八,同治六年刻本

光化(今老河口)

〔康熙三十四年四月初六日〕地震。

光绪《光化县志·祥异》卷八,光绪九年刻本

【按】

以上所记地震为公元1695年5月18日山西临汾(北纬36.0°、东经115.5°)8级地震波及。

清康熙三十九年三月十六日(公元1700年5月4日)

黄州府(治黄州)

〔康熙三十九年三月十六日〕地震。

乾隆《黄州府志·祥异》卷二十,乾隆十四年刻本

蕲水(今浠水)

〔康熙三十九年三月十六日〕地震。

乾隆《蕲水县志·祥异》卷末,乾隆二十三年钞本

蕲州

〔康熙三十九年二月十六日〕黄冈、广济、蕲州地震。

宣统《湖北通志·祥异》卷七十六,民国十年铅印本

广济(今武穴)

〔康熙三十九年三月〕自东而西,地微震。

乾隆《广济县志·祥异》卷二十二,乾隆十七年刻本

【按】

雍正《湖北通志》,嘉庆《湖北通志》,乾隆、光绪《黄州府志》,乾隆、咸丰、同治、光绪《蕲州志》均无蕲州地震记载。《清史稿·灾异志》作:三月十八日黄冈地震。

清康熙四十五年四月十八日未时(公元 1706 年 5 月 29 日 14 时)

光化(今老河口)

〔康熙四十五年四月十八日未时〕地震。

光绪《光化县志·祥异》卷八,光绪九年刻本

清康熙四十七年二月(公元 1708 年 2 月 21 日—3 月 21 日)

黄冈

〔康熙四十七年二月〕地震。

乾隆《黄冈县志·祥异》卷十九,乾隆二十四年刻本

清康熙四十九年八月初三日(公元 1710 年 9 月 25 日)

黄州府(治黄州)

〔康熙四十九年八月初三日〕地震。

乾隆《黄州府志·祥异》卷二十,乾隆十四年刻本

道光《黄冈县志·祥异》卷二十三,道光二十八年刻本

清康熙五十四年(公元1715年)

钟祥

〔康熙五十四年〕值地震,请蠲请赈,兵灾以弭。

《钟祥文徵·江惺斋传》卷二,民国版本

清康熙五十六年五月二十八日申时(公元1717年7月6日16时)

公安

〔康熙五十六年五月二十八日〕地微震。

康熙《公安县志·灾祥》卷二,康熙六十年刻本

石首

〔康熙五十六年五月二十八日〕地微震。

乾隆《石首县志·灾祥》卷一,乾隆元年刻本

枝江

〔康熙五十六年五月二十八日申时〕地震有声。

乾隆《枝江县志·杂记》卷十,乾隆五年刻本

【按】

《清史稿·灾异志》作:五十六年五月二十八日公安、石首、枝江地震。

清康熙五十七年八月(公元1718年8月26日—9月23日)

枝江

〔康熙五十七年八月〕地震。

乾隆《枝江县志·杂志》卷十,乾隆五年刻本

【按】

《清史稿·灾异志》作:五十五年八月枝江地震。疑误。

清雍正四年六月二十一日(公元1726年7月20日)

夷陵州(治宜昌)

〔雍正四年六月二十一日〕地震。

乾隆《东湖县志·天文》卷二,乾隆二十八年刻本

长阳

〔雍正四年六月二十一日〕地震。

同治《长阳县志·灾祥》卷七,同治五年重修本

【按】

嘉庆《湖北通志》记六月夷陵地震。《清史稿·灾异志》作:四年六月二十五日宜昌地震。宣统《湖北通志》作:四年四月夷陵地震。

清雍正五年五月二十日戌时(公元1727年7月8日20时)

钟祥

〔雍正五年五月二十日戌时〕地震,竹尽花。

乾隆《钟祥县志·祥异》卷一,乾隆六年刻本

《清史稿·灾异志》卷四十四

保康

〔雍正五年〕地震。

同治《保康县志·祥异》卷七,同治五年刻本

【按】

宣统《湖北通志》作:五年五月保康、钟祥地震。

清雍正八年四月十六日(公元1730年6月1日)

东湖(今宜昌)

〔雍正八年四月十六日〕地震。

乾隆《东湖县志·天文》卷二,乾隆二十八年刻本

长阳

〔雍正八年四月十六日〕地震。

同治《长阳县志·灾祥》卷七,同治五年重修本

【按】

《清史稿·灾异志》作:八年四月十六日宜昌地震。嘉庆《湖北通志》记:八年夏,夷陵地震。

清雍正十一年四月(公元1733年5月14日—6月11日)

黄冈

〔雍正十一年四月〕地震。

乾隆《黄冈县志·祥异》卷十九,乾隆二十四年刻本

【按】

乾隆(五十四年版)、道光、光绪《黄冈县志》均作雍正十一年四月。《清史稿·灾异志》作十一年十一月黄冈地震。误。

清雍正十一年十二月(公元1734年1月5日—2月3日)

夷陵州(治宜昌)

〔雍正十一年十二月〕宜昌府地震。

《清史稿·灾异志》卷四十四

【按】

雍正十三年始升夷陵州为宜昌府,领县五、州二:东湖(府治,今宜昌)、长阳、兴山、巴东、长乐(今五峰)、归州(今秭归)、鹤峰州(今鹤峰县)。此条在改制之前,应仍作夷陵州。同治《长阳县志》作:十一年十二月长阳雷震。

清雍正十二年四月(公元1734年5月3日—6月1日)

广济(今武穴)

〔雍正十二年四月〕地震。

乾隆《广济县志·祥异》卷二十二,乾隆十七年刻本

清雍正十三年五月(公元1735年6月21日—7月19日)

广济(今武穴)

〔雍正十三年五月〕地震。

乾隆《广济县志·祥异》卷二十二,乾隆十七年刻本

清雍正十三年十一月(公元1735年12月14日—1736年1月12日)

光化(今老河口)

〔雍正十三年十一月〕地震。

光绪《光化县志·祥异》卷八,光绪九年刻本

清乾隆二年五月十日戌时(公元1737年6月7日20时)

枝江

〔乾隆二年五月十日戌时〕地震有声。

乾隆《枝江县志·杂志》卷十,乾隆五年刻本

宜昌

〔乾隆二年五月十日〕宜昌地震有声。

《清史稿·灾异志》卷四十四

【按】

同治、民国《宜昌府志》,乾隆、同治、民国《东湖县志》,均无此记载。嘉庆、宣统《湖北通志》记有枝江地震,而无宜昌地震的记载。

清乾隆三年四月(公元 1738 年 5 月 19 日—6 月 16 日)

东湖(今宜昌)

〔乾隆三年四月〕地震。

乾隆《东湖县志·天文》卷二,乾隆二十八年刻本

同治《长阳县志·灾祥》卷七,同治五年重修本

【按】

嘉庆《湖北通志》作:三年四月东湖地震(县志)。宣统《湖北通志》作:三年四月东湖、长阳地震(各府、县志)。

清乾隆四年七月七日未时(公元 1739 年 8 月 10 日 14 时)

黄梅

〔乾隆四年七月七日未时〕邑西北乡地震,戌时复震。

乾隆《黄梅县志·祥异》卷八,乾隆二十一年刻本

清乾隆七年秋(公元 1742 年秋)

房县

〔乾隆七年〕地大震,坏民墙屋。

同治《房县志·祥异》卷六,同治四年刻本

【按】

嘉庆《郧阳府志》、《郧阳志补》,同治《郧阳志》均作:七年房县地震(志稿)。嘉庆《湖北通志》作:七年房县地震(房县志)。宣统《湖北通志》作:七年秋房县地震(各州、县志)。发震的地点,1983 年 10 月郧阳地区地震办公室调查后,认为在房县西。房县中坝一带年老的居民反映,他们原籍江西,迁于房县中坝居住已有几百年了,听上辈老人说,因为历史上中坝发生过大地震,人烟稀少,所以才迁到这个地方来。据上述反映,所谓几百年以前的大地震,很可能就是此次地震。

李善邦《中国地震目录》作:"1742年(清乾隆七年)在房县(北纬32.0°、东经110.8°)发生了5级地震,震中烈度Ⅵ度,坏民墙屋。"中央地震工作小组办公室《中国地震目录》改纬度为32.1°。据考订,应为:清乾隆七年秋(1742年秋),房县西(北纬32°00′、东经110°26′)。

清乾隆八年正月二十七日丑时(公元1743年2月21日2时)

沔阳州(治沔城,今仙桃西南)

〔乾隆八年正月二十七日丑时〕地微震。

乾隆《沔阳州志·灾祥》卷十三,乾隆五年刻本

清乾隆八年正月(公元1743年1月26日—2月23日)

南漳

〔乾隆八年正月〕南漳地震有声,自东南而西北(县志)。

乾隆《襄阳府志·祥异》卷三十七,乾隆二十五年刻本

清乾隆九年正月(公元1744年2月13日—3月13日)

光化(今老河口)

〔乾隆九年正月〕地震。

光绪《光化县志·祥异》卷八,光绪九年刻本

《清史稿·灾异志》卷四十四

清乾隆十一年十月(公元1746年11月13日—12月11日)

广济(今武穴)

〔乾隆十一年十月〕地震有声。

乾隆《广济县志·祥异》卷二十二,乾隆十七年刻本

《清史稿·灾异志》卷四十四

清乾隆二十一年闰九月初一日巳时(公元 1756 年 10 月 24 日 10 时)

荆门州(治荆门)

〔乾隆二十一年闰九月初一日巳时〕地震。

嘉庆《荆门直隶州志·祥异》卷三十四,嘉庆十年四刻本

同治《荆门直隶州志·祥异》卷七,同治九年刻本

【按】

顺治二年,改承天府为安陆府,当阳县隶属安陆府,荆门州遂不领县。乾隆五十六年,以荆门州直隶湖北布政司,割安陆府之当阳、荆州府之远安二县属之。《清史稿·灾异志》作:二十一年二月二十二日荆门州地震,声如雷。疑误。宣统《湖北通志》作:二十一年夏,荆州地震。疑误,未录。

清乾隆三十四年冬(公元 1769 年冬)

罗田

〔乾隆三十四年冬〕地震。

光绪《罗田县志·祥异》卷八,光绪二年刻本

清乾隆三十五年十二月二十二日卯时(公元 1771 年 2 月 6 日 6 时)

麻城

〔乾隆三十五年十二月二十二日卯时〕地震。

乾隆《麻城县志·皇朝大事记》卷一,乾隆六十年刻本

《清史稿·灾异志》卷四十四

罗田

〔乾隆三十五年冬〕地震。

光绪《罗田县志·祥异》卷八,光绪二年刻本

清乾隆三十七年十月初五日午时(公元1772年10月30日12时)

汉川

〔乾隆三十七年十月初五日午时〕地震,至昏复震。

乾隆《汉川县志·祥异》卷五,乾隆三十八年刻本

清乾隆三十七年十月初七日(公元1772年11月1日)

应城

〔乾隆三十七年十月初七日〕地震。

咸丰《应城县志·祥异》卷六,咸丰元年稿本

清乾隆三十九年(公元1774年)

汉川

〔乾隆三十九年〕地震。

同治《汉川县志·祥祲》卷十四,同治十二年刻本

清乾隆四十三年三月(公元1778年3月28日—4月26日)

光化(今老河口)

〔乾隆四十三年三月〕大风拔木,沙飞石走,次日午时地震。

光绪《光化县志·祥异》卷八,光绪九年刻本

【按】

民国《光化县志》所记亦同。《清史稿·灾异志》作:三月光化地震。

清乾隆四十六年冬(公元1781年冬)

光化(今老河口)

〔乾隆四十六年冬〕地震。

光绪《光化县志·祥异》卷八,光绪九年刻本

清乾隆四十八年夏(公元1783年夏)

光化(今老河口)

〔乾隆四十八年夏〕地震。

光绪《光化县志·祥异》卷八,光绪九年刻本

清乾隆四十九年十一月(公元1784年12月12日—1785年1月10日)

光化(今老河口)

〔乾隆四十九年〕地震。

光绪《光化县志·祥异》卷八,光绪九年刻本

〔乾隆四十九年十一月〕光化地震。

《清史稿·灾异志》卷四十四

清嘉庆元年二月(公元1796年3月9日—4月7日)

竹山

〔嘉庆元年二月〕竹山地震。

嘉庆《竹山县志·灾祥》卷九,嘉庆十年刻本

〔嘉庆元年二月〕竹山地动(新纂)。

嘉庆《郧阳志补·祥异》卷九,嘉庆十四年刻本

竹溪

〔嘉庆元年〕地动,自二月至四月天阴晦无晴日。

同治《竹溪县志·祲祥》卷十六,同治六年刻本

【按】

同治《郧阳志》作:元年春二月竹山、竹溪地动。

清嘉庆五年(公元1800年)

监利

〔嘉庆五年〕地震。

同治《监利县志·祥异》卷十二,同治十一年刻本

清嘉庆七年九月(公元1802年9月27日—10月26日)

崇阳

〔嘉庆七年九月〕地震。

同治《崇阳县志·祥异》卷十二,同治五年活字本

《清史稿·灾异志》卷四十四

清嘉庆十二年九月十二日(公元1807年10月12日)

麻城

〔嘉庆十二年九月十二日〕地震。

光绪《麻城县志·皇朝大事记》卷三十八,光绪八年刻本

《清史稿·灾异志》卷四十四

清嘉庆十二年十月十二日(公元1807年11月11日)

江陵(今荆州市荆州区)

〔嘉庆十二年十月十二日〕地震。

光绪《江陵县志·祥异》卷六十一,光绪三年刻本

清嘉庆十七年四月(公元1812年5月11日—6月8日)

大冶

〔嘉庆十七年四月〕地震。

同治《大冶县志·祥异》卷八,同治六年刻本

蕲州

〔嘉庆十七年四月〕地震。

咸丰《蕲州志·祥异》卷二十五,咸丰二年刻本

【按】

光绪《蕲州志》亦作十七年四月。宣统《湖北通志》作:十五年四月蕲州地震。疑误,未录。

清嘉庆十八年八月(公元1813年8月26日—9月23日)

郧县(今十堰市郧阳区)

〔嘉庆十八年八月〕夜半,地震,明日复震。

同治《郧县志·祥异》卷一,同治五年刻本

同治《郧阳志·祥异》卷八,同治九年刻本

【按】

《清史稿·灾异志》亦作:十八年八月郧县地震。宣统《湖北通志》误作:明嘉靖十八年八月郧阳地震,明日复震。《中国地震资料年表》沿误。

清嘉庆二十年四月十九日(公元 1815 年 5 月 27 日)

光化(今老河口)

〔嘉庆二十年四月十九日〕地震,逾时始定。县西南王府洲鸣数日陷于水。

光绪《光化县志·祥异》卷八,光绪九年刻本

《清史稿·灾异志》卷四十四

【按】

王府洲在县城西南 10 千米处。《中国地震资料年表》作二十年四月九日。误。

清嘉庆二十年十一月(公元 1815 年 12 月 1 日—12 月 29 日)

房县

〔嘉庆二十年十一月〕房县地震。

同治《郧阳志·祥异》卷八,同治九年刻本

【按】

同治《房县志》作:二十年冬月地震。

清嘉庆二十一年秋(公元 1816 年秋)

均州(治均县,今丹江口)

〔嘉庆二十一年秋〕地震。

光绪《续辑均州志·祥异》卷十三,光绪十年钞本

《清史稿·灾异志》卷四十四

清嘉庆二十二年(公元 1817 年)

咸宁

〔嘉庆二十二年〕地震。

同治《咸宁县志·祥异》卷十五,同治五年刻本

清道光三年三月(公元1823年4月11日—5月10日)

宜都

〔道光三年三月〕地震。

同治《宜都县志·杂记》卷四,同治五年刻本

《清史稿·灾异志》卷四十四

清道光四年十一月十三日未时(公元1825年1月1日14时)

枝江

〔道光四年十一月十三日〕地震有声。

道光《枝江县志·杂志》卷十四,道光八年刻本

〔道光四年十一月十三日未时〕地震有声。

同治《枝江县志·灾异》卷二十,同治五年刻本

【按】

光绪《荆州府志》作:"四年十一月二十三日未时,枝江地震有声(县志)。"《清史稿·灾异志》作:"四年十一月十四日枝江地震。"宣统《湖北通志》作:"三年十一月枝江地震有声。"误。

清道光五年三月(公元1825年4月18日—5月17日)

宜都

〔道光五年三月〕地震。(十月复震。)

同治《宜都县志·杂记》卷四,同治五年刻本

清道光五年六月(公元1825年7月16日—8月13日)

保康

〔道光五年六月〕地震。

同治《保康县志·祥异》卷七,同治五年刻本

《清史稿·灾异志》卷四十四

清道光五年十月(公元1825年11月10日—12月9日)

宜都

〔道光五年〕(三月地震。)十月复震。

同治《宜都县志·杂记》卷四,同治五年刻本

清道光六年二月十四日亥时(公元1826年3月22日22时)

枝江

〔道光六年二月十四日亥时〕地震。

同治《枝江县志·灾异》卷二十,同治五年刻本

【按】

《清史稿·灾异志》作:六年二月二十四日枝江地震。

清道光七年二月(公元1827年2月26日—3月26日)

郧县(今十堰市郧阳区)

〔道光七年二月〕地震。

同治《郧县志·祥异》卷一,同治五年刻本

《清史稿·灾异志》卷四十四

清道光八年八月(公元1828年9月9日—10月8日)

兴山

〔道光八年八月〕邑东南地震。

同治《兴山县志·祥异》卷十,同治四年刻本

《清史稿·灾异志》卷四十四

清道光九年五月初四日(公元1829年6月5日)

宜城

〔道光九年五月初四日〕地震。

同治《宜城县志·祥异》卷十,同治五年刻本

《清史稿·灾异志》卷四十四

清道光九年十一月初一日(公元1829年11月26日)

黄安(今红安)

〔道光九年十一月初一日〕夜,由东南至西北,地震有声。

同治《黄安县志·祥异》卷十,同治八年刻本

【按】

《清史稿·灾异志》作:十年十一月朔,黄安地震有声。

清道光十一年春(公元1831年春)

江夏(今武昌)

〔道光十一年春〕地震。

同治《江夏县志·祥异》卷八,同治八年刻本

清道光十三年十月(公元1833年11月12日—12月10日)

郧西

〔道光十三年〕是年地震。

同治《郧西县志·祥异》卷十二,同治五年刻本

〔道光十三年十月〕郧西地震。

宣统《湖北通志·祥异》卷七十五,民国十年铅印本

【按】

《清史稿·灾异志》作:十三年十月二十四日郧县地震。查同治《郧县志》、《郧阳志》均无十三年郧县地震记载。疑为郧西地震之误。

清道光十六年春(公元1836年春)

长阳

〔道光十六年〕地震。

同治《长阳县志·灾祥》卷七,同治五年重修本

〔道光十六年春〕长阳地震(州、县志)。

宣统《湖北通志·祥异》卷七十五,民国十年刻本

清道光十七年七月十七日(公元1837年8月17日)

竹溪

〔道光十七年七月十七日〕地动。

同治《竹溪县志·祲祥》卷十六,同治六年刻本

清道光二十年正月二十三日巳时(公元1840年2月25日10时)

随州

〔道光二十年正月二十三日巳时〕地震,屋瓦摇动。

同治《随州志·灾祥》卷十七,同治八年刻本

清道光二十一年四月(公元1841年5月21日—6月18日)

广济(今武穴)

〔道光二十一年四月〕地震。

同治《广济县志·祥异》卷十六,同治十一年活字本

清道光二十三年正月(公元1843年1月30日—2月28日)

通山

〔道光二十三年正月〕地动。

同治《通山县志·祥异》卷二,同治七年活字本

清道光二十五年七月(公元1845年8月3日—9月1日)

麻城

〔道光二十五年七月〕夜,地震,声如雷,自南而北。

光绪《麻城县志·皇朝大事记》卷二,光绪二年刻本

清道光二十八年三月(公元1848年4月4日—5月2日)

宜都

〔道光二十八年三月〕地震。

同治《宜都县志·杂记》卷四,同治五年刻本

清道光二十八年四月(公元1848年5月3日—5月31日)

兴山建阳坪

〔道光二十八年四月〕建阳坪地震。

同治《兴山县志·祥异》卷十,同治四年刻本

【按】

建阳坪在县东南30千米。宣统《湖北通志》误作:"二十三年四月兴山建阳坪地震。"

清道光二十八年九月(公元1848年9月27日—10月26日)

安陆

〔道光二十八年九月〕地震(安陆续志)。

光绪《德安府志·祥异》卷二十,光绪十四年刻本

【按】

同治《安陆县志补》无此地震记载。

清道光三十年二月(公元1850年3月14日—4月11日)

监利

〔道光三十年二月〕地震。

同治《监利县志·祥异》卷十二,同治十一年刻本

清道光三十年三月二十一日(公元1850年5月2日)

石首

〔道光三十年三月二十一日〕地震。是年冬,县西塘水斗。

同治《石首县志·祥异》卷三,同治五年刻本

清道光三十年三月二十四日(公元 1850 年 5 月 5 日)

江陵(今荆州市荆州区)

〔道光三十年三月二十四日〕地震。

光绪《江陵县志・祥异》卷六十一,光绪三年刻本

清道光三十年三月二十八日戌时(公元 1850 年 5 月 9 日 20 时)

枝江

〔道光三十年三月二十八日戌时〕地震有声。

同治《枝江县志・灾异》卷二十,同治五年刻本

公安

〔道光三十年三月二十八日戌时〕地震。

同治《公安县志・祥异》卷三,同治十三年刻本

松滋

〔道光三十年秋(?)〕地震。

同治《松滋县志・祥异》卷十二,同治七年刻本

【按】

《清史稿・灾异志》作:三月二十八日枝江、松滋地震。

清道光三十年(公元 1850 年)

郧西

〔道光三十年〕地震。

同治《郧西县志・祥异》卷十二,同治五年刻本

清咸丰元年二月(公元 1851 年 3 月 3 日—4 月 1 日)

大冶

〔咸丰元年二月〕地震。

同治《大冶县志·祥异》卷八,同治六年刻本

清咸丰元年二月(公元1851年3月3日—4月1日)

谷城

〔咸丰元年二月〕地震,有声如雷,自南而北,移时始止。

同治《谷城县志·祥异》卷八,同治六年刻本

清咸丰元年三月(公元1851年4月2日—4月30日)

公安

〔咸丰元年三月〕地震。

同治《公安县志·祥异》卷三,同治十三年刻本

江陵(今荆州市荆州区)

〔咸丰元年〕地生白毛,长三四寸,地震。

光绪《江陵县志·祥异》卷六十一,光绪二年刻本

【按】

《清史稿·灾异志》作:二月江陵、公安地震。

清咸丰元年四月(公元1851年5月1日—5月30日)

安陆

〔咸丰元年四月〕地震,屋舍动摇(安陆志)。

光绪《德安府志·祥异》卷二十,光绪十四年刻本

清咸丰元年五月(公元 1851 年 5 月 31 日—6 月 28 日)

黄安(今红安)

〔咸丰元年五月〕地震有声。屡有红光如电,俗称天霞。

同治《黄安县志·祥异》卷十,同治八年刻本

《清史稿·灾异志》卷四十四

【按】

宣统《湖北通志》作:"元年十月黄安、宜城、江陵、公安地震(并各州、县志)。"查同治《宜城县志》、光绪《襄阳府志》均无咸丰元年宜城地震记载。

清咸丰二年四月十二日(公元 1852 年 5 月 30 日)

应山(今广水)

〔咸丰二年四月十二日〕地震。(秋又震,竹尽花。)

同治《应山县志·祥异》卷一,同治十年刻本

《清史稿·灾异志》卷四十四

黄陂

〔咸丰二年四月〕地震。

宣统《湖北通志·祥异》卷七十六,民国十年铅印本

清咸丰二年秋(公元 1852 年秋)

应山(今广水)

〔咸丰二年〕(四月十二日地震。)秋又震,竹尽花。

同治《应山县志·祥异》卷一,同治十年刻本

清咸丰三年三月(公元 1853 年 4 月 8 日—5 月 7 日)

公安

〔咸丰三年三月〕地震。

同治《公安县志·祥异》卷三,同治十三年刻本

清咸丰四年正月(公元1854年1月29日—2月26日)

钟祥

〔咸丰四年正月〕地震。(二月地复震。)

宣统《湖北通志·祥异》卷七十六,民国十年铅印本

清咸丰四年二月(公元1854年2月27日—3月28日)

钟祥

〔咸丰四年〕(正月地震。)二月地复震。

宣统《湖北通志·祥异》卷七十六,民国十年铅印本

清咸丰四年六月二十九日辰刻(公元1854年7月23日08时)

鹤峰州(治鹤峰)

〔咸丰四年六月二十九日辰刻〕地震,州城及西北乡为甚,虽鼎釜之水皆动,逾时始止,此未有之异也。

同治《鹤峰州续志·杂述》卷十四,同治六年刻本

【按】

雍正六年,改容美宣抚司为容美土司,十三年改容美土司为鹤峰州,属宜昌府。

清咸丰四年九月初一日(公元 1854 年 10 月 22 日)

江陵(今荆州市荆州区)

〔咸丰四年九月初一日〕地震。

光绪《江陵县志·祥异》卷六十一,光绪三年刻本

《清史稿·灾异志》卷四十四

清咸丰四年十二月初七日(公元 1855 年 1 月 24 日)

钟祥和随州之间

〔咸丰四年腊月初七日〕钟、随之间地震。

同治《钟祥县志·祥异》卷十七,同治六年刻本

【按】

《清史稿·灾异志》作:四年十二月初四日钟祥地震。光绪《沔阳州志》作:四年冬,沔阳湖水沸数尺。

清咸丰五年六月初七日(公元 1855 年 7 月 20 日)

钟祥

〔咸丰五年六月初七日〕地震。

同治《钟祥县志·祥异》卷十七,同治六年刻本

【按】

光绪《德安府志》作:五年六月湖塘水自溢高尺许,顷复故(《云梦县志》)。

清咸丰六年二月(公元 1856 年 3 月 7 日—4 月 4 日)

钟祥

〔咸丰六年二月〕钟祥地震。

宣统《湖北通志·祥异》卷七十六,民国十年铅印本

清咸丰六年五月初八日辰时(公元1856年6月10日8时)

咸丰大路坝

〔咸丰六年五月〕地大震,大路坝山崩,由悔家湾、板桥溪抵蛇盘溪三十余里皆成湖,压毙居民数百计,李姓最多。

同治《咸丰县志·祥眚》卷二十,同治四年刻本

同治《施南府志·祲祥》卷一,同治十年刻本

咸丰知县卢慎徽《刘孝子传》:"刘光贵者,邑之义悌里大路坝人也。结庐山谷,母老且病,性笃孝,家贫,妻亡不能续娶,母寝食,必躬亲,无倦容。为人佣作,午饭时,同侣从客就饷,光贵半饱辄罢,疾归视母,具餐即还,佣所力作,少迟,必倍其功以偿之,故所佣之家亦相安无谇语,如此者有年。咸丰乙卯(?)五月初八日辰刻,地震数千里,光贵居处山崩石走,压毙居民甚伙。时光贵出耘陇畔,惶遽负母出奔。只见尘氛迷漫,乱石纷腾,星奔雨集,或傍身冲过,或越顶飞去,前后左右靡非石也。骇极,徘徊往复,无有去向,足踢石开,肘麾石避,若有神助。顷之,石积身傍,层累而上,四围如垣,仅容母子匿处,垣上复以巨石,旁留小阙如门,可以出入。居无何,与母偕出。审视居邻,土石堆积,塞断山谷,庐舍田园悉移置温氏田中,离故处已数里许矣。太守张公闻而异之,令县具状申闻……"

同治《咸丰县志·艺文》卷十九,同治四年刻本

谢元准《咸丰刘孝子歌序》:"咸丰六年丙辰夏五月八日,忽遭地震,万岭动摇,山裂溪涌,十余里内人畜颠压死者不可数计。其时光贵方锄田屋后,猝遇奇灾,不暇他顾,狂奔入室,负母走,甫出门即颠仆,天地昼晦,惶骇不知所为,急遽中惟恐母坠,两手紧负不敢释。雷霆震悼,山石乱飞,砯訇呼号,不可名状,一食顷方定……盖地动山移,去旧居已二里,其地则温黄二姓田,而光贵田庐树木毫无损失,端然移置二姓田上,成沃壤矣……"

《虞初支志·甲编》卷二

〔咸丰六年五月初六(?)日辰时〕地震,屋瓦皆动,同日震者环数百里皆然。咸丰、黔江之交,地名大路坝者独甚,山崩十余里,压死左右

居民三百余家。当地震时,有大山陷入地中,忽跃出而后下坠者;有平地本无丘陵,忽涌出小阜十余者;有连山推出数里外,山上房屋民人俱无恙者;有田已陷没,而田内秧禾反在山上者;有被陷之人,忽从地中跃出,身无寸缕者……山麓故有河,河为山石所壅,水乃逆行,淹没地方复二十余里,潴为池,广约六七里,深不可测,不及月余,有大鱼无数,游泳其中。

同治《来凤县志·祥眚》卷三十二,同治五年刻本

四川黔江县后坝乡(今重庆黔江小南海镇)

〔咸丰六年夏五月壬子(?)〕地大震,后坝乡山崩。先数日,日光黯淡,地气蒸郁异常,是日弥甚,辰、巳间忽大声如雷震,室宇晃摇,势欲倾倒,屋瓦皆飞,池波涌立,民惊号走出,仆地不能起立。后坝许家湾(距县治六十余里)溪口有山矗起,倏中断如截,响若雷霆。地中石亦迸出,横飞旁击,压毙居民数十余家,溪口遂被堙塞。厥后盛夏雨水,溪涨不通,潴为大泽,延袤二十余里,土田庐舍尽被淹没,今设舟楫焉。朝阳寺山本一小岭,水盛时适浸寺址,四面汪洋,宛若金焦,泽名小瀛海,土人讹为小南海云。

光绪《黔江县志·祥异》卷五,光绪二十年刻本

施南府(治恩施)

〔咸丰六年五月初六(?)日辰时〕地大震,屋瓦皆动。

同治《施南府志·祲祥》卷一,同治十年刻本

重庆奉节

〔咸丰六年五月初八日〕辰刻地震。

光绪《奉节县志》卷十一,光绪十九年刻本

重庆巫山

〔咸丰六年五月初八日〕辰刻地震。

光绪《巫山县志》卷十,光绪十九年刻本

重庆垫江

〔咸丰六年五月初八日〕未刻地震。

光绪《垫江县志》卷十,光绪二十六年刻本

重庆綦江

〔咸丰六年五月初八〕(南川)陈家场及巴邑太和场一带地微震。

同治《綦江县志》卷十，同治二年补刻本

重庆酉阳

〔咸丰六年丙辰夏五月〕地震。

同治《酉阳直隶州续志》卷末，同治三年刻本

湖南保靖

〔咸丰六年五月初八日〕辰、巳时地震，屋宇什物动摇，城乡如一。

同治《保靖县志・灾异》卷十一，同治十年刻本

湖南乾州厅(今吉首)

〔咸丰六年五月十一日(?)〕辰刻地震。

同治《乾州厅志・气候》卷五，同治十一年刻本

湖南永绥厅(今花垣)

〔咸丰六年五月初八日〕巳、午之交地震，屋瓦皆动，前数日各处水井咸涌出红水。

同治《永绥直隶厅志・灾祥》卷一，同治七年刻本

湖南龙山

〔咸丰六年五月〕乾州、永绥、保靖、龙山地震。

光绪《湖南通志・祥异》卷二百四十四，光绪十一年刻本

【按】

在此次地震之前，即咸丰四年至五年期间，本省计有二十余县地陆续出现水涌、水溢现象。这种现象的出现，在地震发生的半年前最为集中。兹摘录如下：

咸丰五年十一月初五日申时，枝江四乡堰水皆腾起二、三尺，溢出堤外，跌荡久之始定。(《清史稿・灾异志》)

五年冬初五日未申二刻，东南两乡晴明无风，各堰水忽腾二三尺，溢于堤外。(同治《宜昌府志》)

五年乙卯冬，池塘溪港有水处，皆无风自动，波浪三四尺，有顷始定。(同治《当阳县志》、同治《荆门州志》)

五年正月初四日，陂塘水涨，若沸豆浆，及云梦交界，所在皆有。(《清史稿·灾异志》、光绪《孝感县志》)

五年十一月，池塘水涌，东溢而西竭，南溢而北竭，鱼鳖泥涂皆现。(光绪《孝感县志》)

五年乙卯，即十月初四日未申之交，各路塘水喷溢，陡涨六七尺，旋跌旋起数次，塘边草木皆湿。(同治《大冶县志》)

五年十月，黄冈上永乡各处水涌。(《清史稿·灾异志》)

五年十一月初四日，麻城各处池塘，同时水啸，高者激起丈余。(《清史稿·灾异志》)

五年秋、冬，黄冈、麻城、黄安、蕲州、广济、陂塘水溢。(光绪《黄州府志》)

李善邦《中国地震目录》作："1856 年 6 月 10 日(清咸丰六年五月初八日)在咸丰西(北纬 29.7°、东经 108.8°)发生 5～5$\frac{3}{4}$级地震。重震区：咸丰、黔江交界之大路坝，山崩十余里(一说二十余里)，溪壅成湖，压死三百余家。咸丰、来凤、恩施以及……酉阳、黔江、垫江、奉节、巫山均震，最远达 200 公里。"中央地震工作小组办公室《中国地震目录》定震级为5$\frac{1}{2}$级，震中烈度Ⅶ度。并增述湖南乾州、花垣(屋宇皆动)、龙山、保靖(屋宇、什物动摇)。均震。其他略同。

为了详尽了解此次地震的相关情况，中外专家多次到现场考察。

1976 年 5—7 月，时武汉地震大队(现中国地震局地震研究所、湖北省地震局)甘家思等(《论鄂西南地区地震地质条件》)在考查鄂西南的地震构造时，对大路坝地震的震害进行了调查，分析了可能的发震背景；1980 年 10—11 月，为整理和总结地震历史资料，刘锁旺等(《1856 年湖北咸丰县大路坝地震考察》)对此次地震进行了进一步的调查和室内模拟计算，根据地面破坏现象和建筑物的受害程度，评估震中烈度为Ⅸ度、估算震级 6.4 级；据此，1985 年《湖北省地震史料汇考》(本书第 1 版)有关此次地震的相关参数为：震中烈度Ⅸ度，震级6$\frac{1}{2}$级。

因三峡地区地震研究的需要，1986—1987 年刘锁旺等(《1856 年湖北咸丰大路坝地震考察报告》)对大路坝地震重破坏区进行了再次考察,根据地震史料和现场考察结果,对震级和震中烈度进行了重新评估,提交了《1856年湖北咸丰大路坝地震研究报告》。1987年8月18—20日,国家地震局在河北省秦皇岛市召开了"《1856年湖北咸丰大路坝地震研究报告》评审会"。评审会确认:这次地震是构造地震,大规模山崩和滑塌是地震引起的;综合各方面因素和各种方法评估,这次历史地震的震级为$6\frac{1}{4}$级,震中区烈度Ⅷ度。

此后,1990年《湖北地震志》、1995年版《中国历史强震目录》和1997年《湖北省志·地理》,均沿此。

四川省地震局黄伟(《1856年黔江、咸丰间$6\frac{1}{4}$级地震》)、重庆地震局丁仁杰等(《重庆地震研究暨〈重庆1∶50万地震构造图〉》)的研究结论亦类似,差别只是极震区等震线长轴方向略有变化。

2013年4月26—29日,中国近现代重大地震事件考证研究项目办公室召开专家组工作会,中国地震局、鄂渝等省市相关专家20余人,现场审核小南海地震考证成果,"专家组多数专家认为,1856年鄂渝交界大范围内出现山崩现象,是地震所致"(《地震或山崩 堰成"小南海"——1856年6月10日湖北咸丰$6\frac{1}{4}$级地震》)。

总之,尽管对此次事件有少数不同的看法,但自1987年秦皇岛评审会后的近30年来,多数专家对事件成因、震级和震中烈度的认识比较一致。根据评审结论,本次地震震中烈度Ⅷ度、震级$6\frac{1}{4}$级。现将刘锁旺等1987年《1856年湖北咸丰大路坝地震考察报告》中有关Ⅷ、Ⅶ、Ⅵ三个烈度区的宏观调查情况分述如下。

Ⅷ度区:分布于咸丰县大路坝至蛇盘溪一线,呈北西330°方向延伸,等震线长轴半径9千米,短轴半径4千米左右,面积约113平方千米,形似长椭圆。在此区内,地面震动强烈,滑坡、山崩、地裂极为普遍,地面变形显著,人畜伤亡惨重。考察证实其破坏程度之描述,一如地方志所载。遗迹依稀可辨者计有六处:其一,大路坝轿顶山和箭子岭滑崩,即史料所说的"山崩十余里",当地谓之"大垮崖"和"小垮崖"。残存的断壁高出滑崩体

60～80 米。地震时箭子岭西段山体被劈裂并产生左旋错动,导致大规模滑体堵截近东西流向的老窖溪而形成“地震湖”,现名小南海。其最大蓄水量达 670×10^6 立方米,水域面积 2.74 平方千米,水深 30 余米,最深 52 米。由滑崩体形成的天然石坝,坝长 1 170 米,顶高 50～70 米,顶宽 100 多米,底宽近 1 040 米,粗略计算其体积约 450×10^6 立方米。若轿顶山山麓的滑塌体和被水淹没的堆石加以计算,则其总体积应以倍增。如此巨大的滑崩,在中外地震史上尚属罕见。其二,向家湾滑崩,与“小垮崖”相连,断壁呈北西 300°方向延伸,长约 500 米,相对高度 60 余米。滑坡体后缘凹地因积水形成向家湾塘,现水深 10 米左右,面积 1 400 平方米。其三、四,汪大海和蛇盘溪位于震中区北部的两河口东西两侧,距大路坝约 5 千米,北东 10°方向的细纱溪(蓄三溪)在此注入北西 300°方向的蛇盘溪中。地震时两溪之间的二坪产生大规模切层式滑坡,相继堵塞两河而成湖。滑坡体轴线南东 160°,堆积物高达 100 余米,底宽 600 米,坡角 25°～30°,据此估算其体积约 4.0×10^6 立方米。现今的汪大海沿长 2 千米,最宽 60 米,水深 20 米。西侧的蛇盘溪曾蜿蜒 5 千米长,历二三十年,其堰塞坝被洪水冲垮。其五,小叉塘也是地震滑崩形成的“地震湖”。它位于震中西北隅的掌上界。滑坡体后缘断壁走向 310°,高达 300 米,堆积物最宽约 1 000 米,高 60 米,地震时岩体沿南东 150°方向急速滑塌,压死 80 余人。其六,宋家坝至谢家湾一线有数处地震山崩的遗迹。此外,段溪河右岸相当于二级阶地的边坡,尚残留有松散的滑塌体。除上述滑坡,山崩造成“十五里内民房皆为齑粉”,数百家人口死亡以外,还有几十厢(当地所称一厢约为三至五间房)木斗结构的民房被震倒,禹王宫的瓦片全部滑落,南海双崖丁家,一座用巨石咬接修建的墓碑错位 20 多厘米,随之即垮。

Ⅶ度区:北抵咸丰活龙坪以北,南到黔江城以南,东达茅坝、燕朝,西至毛坝子。等震线长轴半径约 20 千米,短轴 10 千米左右,面积 500 余平方千米。在此区内,地面震动仍然相当强烈。在活龙坪一带,大规模的山崩和滑坡计有九处。沙子岭原是一个相对高度 120 多米,走向北西西转北北东的浑圆山梁,地震时产生 340°～345°的破裂、山崩,尔后形成九道岭,山崩宽度达2千米,残存的陡崖高60余米。沿北北西方向的漆树坪、老鸦咀、穿洞、板桥河和石河坪一线,都出现较大规模的岩崩、滑塌。活龙坪东南4～5千米的东厢水库附近,宽200米,高60米的崩积物摧毁了苏家岩口约15亩(1亩=667平方米,下同)田地,压垮民舍4家。在楼子岩口上,面积约30～40亩的覆盖层,地震时产生急剧滑动,剥落殆尽,俨如"地剥皮",仅残留一个倾角20°左右的滑动面,滑面有二条地震破裂,呈锯齿状,滑坡体后缘也出现一系列破裂。在上述地区,尚有震前遗存的民房,如大园子覃家一套四合院住宅(16～20间的木斗结构房),地震时,东、西、南三面的厢房严重破坏,整个屋架向北西倾斜,天井倾斜8°。茅坝清水塘一带,地震时曾造成大规模的崩塌型滑坡,滑坡前缘分布在850米高程,后缘出露于1 100米以上,三期滑壁,前部压缩隆起,后部凹地涌水塘清晰可见,整个滑坡体的最宽处约在2千米以上。这种大规模的滑坡,在曹田、王鼻山等地亦有形迹。在黔江黄溪毛坝子,有40亩稻田震后大部分漏水。台子山也有滑坡。唐崖镇燕朝附近有三座古墓碑,其中两座建于道光二年,一座建于道光十九年,碑体的各部件全由整块石灰岩咬合相嵌,并用桐油和石灰加以黏结。地震时,碑体各构件间均发生错位,最大达10厘米,地面运动呈左旋错动。在田湾鸭咀胎亦有类似现象。

Ⅵ度区:地面震动强烈,人普遍站立不稳,田里水振荡,器皿中的水荡出,少数建筑物损坏,局部产生崖崩,地下水位有明显变化。尖山土司皇城遗址(建于明万历辛亥年,即公元1611年),其石坊、皇坟等古建筑物均系长石石英砂岩巨块构成,地震时,上部构件与立柱及柱体两侧的装饰物都出现位错,衔接部位被拉开,最大3～5厘米。甲马池房屋摇晃,瓦片掉落,结构不良的木屋歪斜不能住人。新场萝卜凼一带,曾发生山崩、垮崖。两会坝,悬挂的器物震落,屋檐瓦片大都滑掉。老鹰咀山崩,活动的人站立不住。郁山镇一带的盐井,地震后井水涌溢,含盐度增高。有感范围:北至重庆巫山,东南达湖南吉首,西南抵重庆南川,最大半径230千米,有感面积超过12万平方千米。

地震地质背景:此次地震发生在八面山弧型构造带上,二仙岩—八面

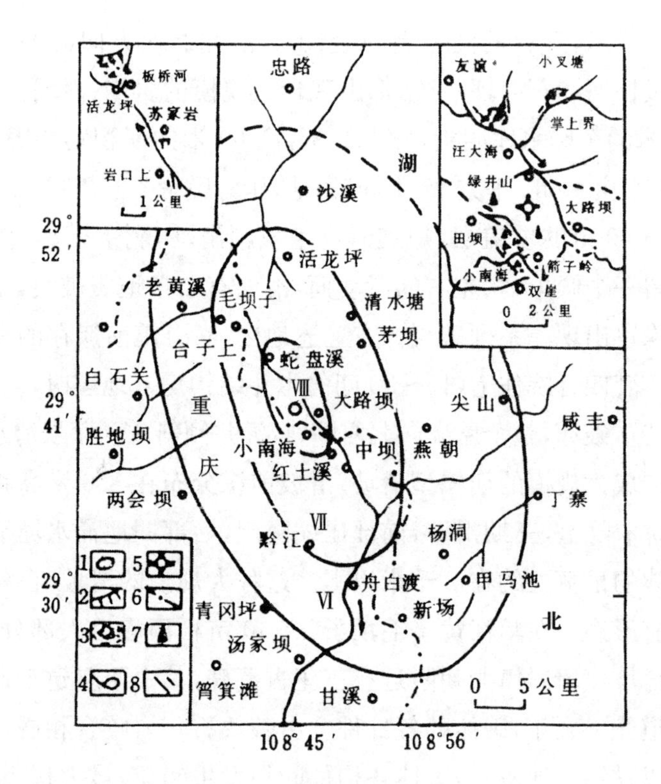

1. 等烈度线 2. 滑坡 3. 崩积 4. 地震湖 5. 震中 6. 省界 7. 山峰 8. 地裂缝

1856 年 6 月咸丰大路坝$6\frac{1}{4}$级地震等震线图

山向斜由震中区通过。该向斜东、西两翼分别被北东—南西向延展的黄金洞断裂和黔江断裂、郁山镇断裂切截。震中区及外围,北西 310°～340°的破裂极为发育,并往往集中成带出现。前两条断裂于震中东南 8 千米处斜列式收敛,反向倾斜,构成一长 6 千米、宽 2 千米的地垒。北西向破裂至此相抵而不交汇,这就是此次地震的特殊发震构造部位。上述断裂在新构造期以来仍有活动迹象。主要表现在地形地貌特征上:地貌反差强烈,断层谷、断层三角面,断层陡崖错断山脊发育,沿线有大规模山崩、滑坡等。断裂的水平活动,也有某些迹象。根据断裂带内部结构特征、构造岩等标志,以及地震时地面呈反时针扭动现象判断,此次地震是在北东—南西向(或北东东—南西西)的推压下,北西向的震源破裂作左旋位移,并向西北方向扩展的结果。

清咸丰九年三月(公元1859年4月3日—5月1日)

恩施

〔咸丰九年三月〕东乡马田村地震。

同治《恩施县志·祥异》卷十二,同治三年刻本

《清史稿·灾异志》卷四十四

清咸丰九年十一月(公元1859年11月24日—12月23日)

长阳

〔咸丰九年十一月〕地震。

同治《长阳县志·灾祥》卷七,同治五年重修本

清咸丰十年七月初八日戌时(公元1860年8月24日20时)

枝江

〔咸丰十年七月初八日戌时〕地震有声。

同治《枝江县志·灾异》卷二十,同治五年刻本

《清史稿·灾异志》卷四十四

清同治元年二月十五日(公元1862年3月15日)

利川

〔同治元年二月十五日〕地震。(三月二十八日地复震,有声自东而西。)

光绪《利川县志·祲祥》卷九,光绪二十年刻本

清同治元年三月二十八日(公元1862年4月26日)

利川

〔同治元年〕(二月十五日地震。)三月二十八日地复震,有声自东而西。

光绪《利川县志·祲祥》卷九,光绪二十年刻本

清同治元年六月十二日(公元1862年7月8日)

汉川

〔同治元年六月十二日〕地震,十三日又震,有声如雷。

同治《汉川县志·祲祥》卷十四,同治十二年刻本

应城

〔同治元年六月十二日〕应城地震有声。

《清史稿·灾异志》卷四十四

【按】

光绪《应城县志》作元年六月十日地震有声。光绪《德安府志》作元年六月地震有声。

清同治二年七月十七日(公元1863年8月30日)

通城

〔同治二年七月〕地震,屋瓦多坠。

同治《通城县志·祥异》卷二十二,同治六年活字本

【按】

光绪《平江县志》作:"同治二年七月十七日寅刻地震。"同治《义宁州

志》作:“同治二年七月十七日寅刻地震,有声轰然,自东而西,檐瓦皆落。”据此二志时间作七月十七日。平江在通城南,今湖南平江县。义宁州在通城东,今江西修水县。

中央地震工作小组办公室《中国地震目录》作:“1863年8月30日(清同治二年七月十七日)在通城东南(北纬29.2°、东经114.1°)发生5级地震,震中烈度Ⅵ度。通城瓦屋多坠。修水檐瓦皆落。湖南平江亦震。注:震中可能在通城、修水之间山区。”国家地震局《中国地震简目》作:江西修水西北(北纬29.2°、东经114.1°)。

清同治三年七月初三日辰刻(公元1864年8月4日08时)

枝江

〔同治三年七月三日辰刻〕地震有声。

同治《枝江县志·灾异》卷二十,同治五年刻本

清同治四年正月二十九日(公元1865年2月24日)

钟祥

〔同治四年正月二十九日〕夜半,地震有声。(二月初四日夜又震。)

同治《钟祥县志·祥异》卷十七,同治六年刻本

《清史稿·灾异志》卷四十四

荆门

〔同治四年正月〕地震。

同治《荆门直隶州志·祥异》卷七,同治七年刻本

远安

〔同治四年正月二十八(?)日〕夜,地震。

同治《远安县志·祥异》卷四,同治五年刻本

当阳

〔同治四年正月〕当阳、远安地震。

宣统《湖北通志·灾异》卷七十六,民国十年铅印本

【按】

同治、光绪《当阳县志》无当阳地震记载。

清同治四年二月初四日(公元1865年3月1日)

钟祥

〔同治四年〕(正月二十九日夜半,地震有声。)二月初四日夜又震。

同治《钟祥县志·祥异》卷十七,同治六年刻本

清同治五年冬(公元1866年冬)

公安

〔同治五年冬〕地震。

同治《公安县志·祥异》卷三,同治十三年刻本

清同治六年二月初一日(公元1867年3月6日)

应城

〔同治六年二月朔〕地震。

光绪《应城县志·祥异》卷十四,光绪八年刻本

清同治六年二月初六日(公元1867年3月11日)

钟祥

〔同治六年二月初六日〕夜地震。

同治《钟祥县志·祥异》卷十七,同治六年刻本

【按】

《清史稿·灾异志》作:二月初一日钟祥地震。

清同治六年二月初十日(公元1867年3月15日)

汉川

〔同治六年二月初十日〕夜,地震,有声如雷。

同治《汉川县志·祥祲》卷十四,同治十二年刻本

汉口

星期四晚上十时半正,这里发生了一次猛烈地震,许多居民都明显地感觉到了,震动是侧向的,但震动的方向则难以辨别。

《字林西报》(上海),1867年3月21日

【按】

该报出版日期3月21日为星期三,上文中的星期四系指上一周的星期四,即3月15日。

清同治六年三月十五日(公元1867年4月19日)

公安

〔同治六年三月望〕地震,大水。

同治《公安县志·祥异》卷三,同治十三年刻本

江陵(今荆州市荆州区)

〔同治六年三月十五日〕地震大水(县志)。

光绪《荆州府志·灾异》卷七十六,光绪六年刻本

【按】

《清史稿·灾异志》作:"六年三月十五日江陵地震。"宣统《湖北通志》误作:七年三月江陵地震大水。

清同治六年夏(公元 1867 年夏)

均州(治均县,今丹江口)

〔同治六年夏〕地震。

光绪《续辑均州志・祥异》卷十三,光绪十年钞本

清同治七年六月初二日(公元 1868 年 7 月 21 日)

光化(今老河口)

〔同治七年六月初二日〕地震。

光绪《光化县志・祥异》卷八,光绪九年刻本

均州(治均县,今丹江口)

〔同治七年六月〕地震。

光绪《续辑均州志・祥异》卷十三,光绪十年钞本

郧县(今十堰市郧阳区)

〔同治七年六月初二日未刻〕郧县地动片时。

嘉庆《郧阳志补・祥异》卷九,嘉庆十四年刻本

【按】

嘉庆《郧阳志补》所作同治七年地震条,是毛笔字迹,可能是在发震之后由该书主人及时增补。同治《郧阳府志》作:六月初三日申刻郧县地震。宣统《湖北通志》作:"七月彗星见于西北,郧县地震。"《清史稿・灾异志》作:"六月初三日均州、光化、郧县地震。"

清同治十年秋(公元 1871 年秋)

襄阳

〔同治十年秋〕地震有声。

同治《襄阳府志・杂类》卷七,同治十三年刻本

【按】

《清史稿·灾异志》作:“十年四月襄阳地震。”宣统《湖北通志》作:“十年十月襄阳地震有声。”

清同治十一年三月初一日(公元1872年4月8日)

均州(治均县,今丹江口)

〔同治十一年三月朔〕地震,十三日复震。

光绪《续辑均州志·祥异》卷十三,光绪十年钞本

清同治十三年(公元1874年)

枝江

〔同治十三年〕枝江地震。

宣统《湖北通志·祥异》卷七十六,民国十年铅印本

清光绪四年十月二十八日(公元1878年11月22日)

襄阳

〔光绪四年冬十月二十八日〕襄阳地震。

光绪《襄阳府志志余·祥异》全一卷,光绪十一年刻本

【按】

《清史稿·灾异志》作:四年十二月二十八日襄阳地震。

清光绪五年五月十二日(公元1879年7月1日)

光化(今老河口)

〔光绪五年五月十二日〕地震。

光绪《光化县志·祥异》卷八,光绪九年刻本

《清史稿·灾异志》卷四十四

京山

〔光绪五年五月〕邑北地震,水上涌。

光绪《京山县志·祥异》卷首,光绪八年刻本

潜江

〔光绪五年五月十三日(?)〕地震,水溢。

光绪《潜江县志·灾祥》卷二,光绪六年刻本

孝感

〔光绪五年五月十二日〕邑中塘堰水忽沸起,高二尺许,逾刻始定。

光绪《孝感县志·灾祥》卷二,光绪八年刻本

云梦

〔光绪五年五月〕湖塘水自突溢,久之始定。

光绪《续云梦志略·杂识》卷末,光绪九年刻本

【按】

以上所记地震为公元1879年7月1日甘肃武都南(北纬33.2°、东经104.7°)7$\frac{1}{2}$级地震波及。

清光绪六年十月初八日(公元1880年11月10日)

襄阳

〔光绪六年十月初八日〕地震。

光绪《襄阳府志志余·祥异》全一卷,光绪十一年刻本

光化(今老河口)

〔光绪六年〕地震。

光绪《光化县志·祥异》卷八,光绪九年刻本

【按】

《清史稿·灾异志》作:“六年十月光化地震。”

清光绪十一年九月十六日申刻(公元1885年10月23日16时)

通山

〔光绪十一年九月十六日申刻〕地震,墙壁摇撼,鸡犬乱鸣,老年人有眩晕者,约四刻乃定。

光绪《通山县志·祥异》卷上,光绪二十三年刻本

清光绪十一年九月二十六日(公元1885年11月2日)

沔阳州(治沔城,今仙桃西南)

〔光绪十一年九月二十六日〕地微动。

光绪《沔阳州志·祥异》卷一,光绪二十年刻本

清光绪十一年九月二十七日(公元1885年11月3日)

武昌县(今鄂州市)

〔光绪十一年九月二十七日〕地震。

光绪《武昌县志·祥异》卷十,光绪十一年刻本

江夏(今武昌)

(鄂垣地震)鄂省于前月二十七日下午约近五点钟时,居人忽觉晕然,俄顷即止,似头昏目眩之势,初亦不觉为地动,未便骤告于人。近日街市诸人说及,其日实为地动,众口佥同,因录之以志异。

《申报》(上海),光绪十一年十月初九日

清光绪十三年(公元1887年)

太和山(武当山)

太和山高楼即天云楼,旧有楼房殿宇三十六间,光绪十三年地震,倾塌无余。十五年道士胡继云建修楼房十六间,二十二年周信春建修廊房五间,民国四年王龙海建修大门楼房三间,厢楼房六间,渐复旧观。

民国《续修大岳太和山志·修建》卷三,民国二十二年石印本

【按】

武当山在均县(今丹江口)西南,属秦岭山脉。山上古建筑群包括8座宫殿、2栋寺院、36所庵堂、72间岩庙、12座亭台和39道桥梁,建筑面积达160多万平方米,绵延70千米。从山下的玄岳门(大门)至天柱峰(主峰)约40千米。天柱峰海拔1 600多米。山顶有真武祖师金殿。上文所记地震,因《均州志》光绪十年后未续修,其他文献亦无可考。1981年9月,郧阳地区行署地震办公室组织联合调查组进行了实地调查访问,本编辑室刘锁旺、丁忠孝于同年11月又作了补充考察,现概述如后:天云楼旧址海拔1 500多米,位于金殿西南角下的一个东西向山脊的南侧,山脊广袤各10～15米或30～40米,相对高差100米以上,三面凌空,形势险要。光绪十五年至民国四年续修的30间楼房亦已倾毁,仅残留人工切削的五层基础和峭壁。基础的宽度不一,最宽者不足5米,底层仅1米左右。每层峭壁上都有一排洞穴,这些洞穴曾作为房屋檩、梁承重的支点。原有天云楼36间楼房,建筑在坡度为60°的陡崖之上,是极不抗震的。据此认为:民国《续修大岳太和山志》所言地震可信,地震烈度约Ⅴ度。

清光绪十五年正月(公元1889年1月31日—3月1日)

襄阳

〔光绪十五年正月〕襄阳地震有声。

宣统《湖北通志·祥异》卷七十六,民国十年铅印本

清光绪十九年(公元 1893 年)

均县(今丹江口)

光绪十九年均县地微震。

《汉江流域地理调查报告》,1957 年

清光绪二十二年十二月初三日(公元 1897 年 1 月 5 日)

阳新

〔光绪二十二年十二月初二日〕夜,地震,墙屋有损裂者。

光绪《兴国州志补编·祥异》卷首,光绪三十年刻本

武昌、汉口

一月五日,星期二早上四、五点钟,武昌和汉口同时感到一次地震。由于时间发生的这样早,而且很快就过去了,以致很多被震醒的人想象不到是什么原因,有的人以为有人在敲门,就起了床,然后又回到床上并猜想是谁在发出这种声音,还有些人肯定是因为太困倦,不愿去管什么事又重新睡了。伴随着地震还下了一阵历时一分多钟的大暴雨,本地房子左右摇动,陶器发出响声,地震过后,可以看到挂在木钉上的物件在晃动着。一个目击者说,震动是以两个波浪的形式直接由北移向南,他的床是东西方向放置的,好像是一条船在大海中左右摇晃。

《字林西报》(上海),1897 年 1 月 16 日

【按】

《东华续录》卷一百三十八作:“光绪二十二年十二月壬戌(初二)江西地震。”根据《字林西报》报导武汉感到地震的时间在初三日凌晨前,故改为十二月初三日。

光绪《兴国州志补编》、《字林西报》1897 年 1 月 16 日所记地震,《中国地震资料年表》漏记,各期《中国地震目录》亦未编目。现据资料补作:清光绪二十二年十二月初三日晨(1897 年 1 月 5 日晨)在阳新县(北纬 29°54′、

东经115°14′)发生 5 级地震,震中烈度Ⅵ度。震中区房屋损裂,武昌、汉口房屋摇动,江西南昌有震感。

清光绪二十四年二月初二日(公元 1898 年 2 月 22 日)

归州(今秭归)

〔光绪二十四年二月丙辰〕地震。

光绪《归州志·灾类》卷十,光绪二十七年活字本

清光绪二十五年二月初三日(公元 1899 年 3 月 14 日)

宜昌

星期二傍晚六时三十分左右,我们经历了一次强烈地震,它来的如此突然,以致使我们感到非常恐惧,这类事情在宜昌是罕见的。当时我正在书房弯着腰解一个小包,突然地板好像要下陷,房顶要塌下似的,书橱摇晃,窗户发出响声……

《字林西报》(上海),1899 年 3 月 21 日

【按】

《字林西报》出版时间 3 月 21 日为星期二,上文所说之星期二傍晚,应为上一周的星期二,3 月 14 日,即阴历二月初三日。

清光绪二十五年十月十五日(公元 1899 年 11 月 17 日)

麻城

光绪二十五年阴历十月十五日晚上发生地震一次,门响。

《武汉地区地震调查综合资料·麻城福田河镇地震调查情况》,1954 年

清光绪二十六年四月(公元1900年4月29日—5月27日)

枣阳

〔光绪二十六年四月〕地震,池水溢。

民国《枣阳县志·灾类》卷三十三,民国十二年铅印本

清光绪二十七年五月(公元1901年6月16日—7月15日)

麻城

光绪二十七年五月某天下午地震。(1)地动摇如波浪;(2)河水倒流;(3)塘水拍岸,鱼跃池中。

《武汉地区地震调查综合资料·麻城福田河镇地震调查情况》,1954年

清光绪三十一年八月十五日(公元1905年9月13日)

武昌

地震志异(湖北)武昌八月十五日,忽然地震,其始十一时五十分,时已觉稍动,至十二时更觉甚厉,门窗震动,簌簌有声,器物亦觉移动,至十二时半始息。

《时报》(上海),光绪三十一年八月二十四日

清光绪三十二年正月初二(公元1906年1月26日)

新洲

李林乡座谈访问记录:光绪三十二年正月初二地震,房屋摇动,人站立不稳……

《武汉地区地震调查综合资料·新洲县地震调查情况》,1954年

清光绪三十二年六月(公元1906年7月21日—8月19日)

麻城

宋阜镇座谈和访问记录:光绪三十二年六月地震,各塘水涨,地轰轰响动,人竞(人抖动),门坎动,屋上掉扬尘。

《武汉地区地震调查综合资料·麻城县调查资料》,1954年

清光绪三十三年七月(公元1907年8月9日—9月7日)

麻城

光绪三十三年阴历七月地震:(1)动得不狠;(2)门环款响;(3)屋架有些响。

《武汉地区地震调查综合资料·麻城福田河镇地震调查情况》,1954年

清宣统二年(公元1910年)

麻城

〔宣统二年〕地震。

民国《麻城县志前编·灾异》卷十五,民国二十四年铅印本

城关镇座谈和访问记录:宣统二年有一次地震,桌上的碗震动,木架上的花盆摆动。

《武汉地区地震调查综合资料·麻城县地震调查资料》,1954年

新洲

李林乡座谈访问记录:宣统二年正月初二早上发生地震,器物动摇,声音如鼠跑,人吓得跑出户外,震动时间二分钟。

《武汉地区地震调查综合资料·新洲县地震调查情况》,1954年

清宣统三年五月(公元1911年5月28日—6月25日)

武汉市汉阳区

汉阳区座谈访问记录:辛亥年五月地震,在显花桥有一座破房子被震倒了。

《武汉地区地震调查综合资料·武汉市调查情况》,1954年

中华民国

（公元1912年—1948年）

民国二年阴历癸丑正月初二日（公元1913年2月7日）

麻城

〔民国二年元月初二日〕地震有声，自西北来，屋宇震荡，有倾倒者，经一小时始定。二月复震。

民国《麻城县志续编·灾异》卷十五，民国二十四年铅印本

座谈和访问记录：黄土岗严家畈乡严家湾村，地震似雷轰，树枝摇晃，河水荡起一尺多高，屋内落灰尘，碗响，门环款响。屋檐落瓦，土砖墙裂缝，乌家河堤地裂缝，八鼓石有两间房那样大的石头滚落，抵箭牌、石家湾倒岩。人们怕地震，在外边睡觉。

福田河镇地震调查情况：民国初年阴历正月初二早晨发生地震一次，塘水起波，碗碰得响，墙壁掉灰，人向外跑，震了二分钟的时间。

福田河区张店乡杨家湾村：民国初年正月初地震，塘水起波，门环款响，扬尘落，屋面上的瓦震落。

阎河区袁家湾：民国二年阎河发生了两次地震，一次在正月初二，另一次在二月初一，地震时房屋发抖，塘里水发溅，人坐不住，门环款发响，个别房屋落瓦，郑家寨的郑氏祠堂后墙被地震震裂了一条大口子（宽约三四公寸）。

城关镇民国二年正月初二晨，太阳刚出就发生了地震，房屋动摇，开始像大风一阵吹来，桌上的碗摇动作响，缸水振荡，鼓家巷姓曾的破土砖房子被震倒。

宋埠镇：民国二年正月初二早饭后发生地震，缸里水波动，碗叮叮当当响。城墙震动，墙壁掉土，人吓得往外跑，约有二三分钟之久。同

年二月初一复震,这一次比前次轻。

《武汉地区地震调查综合资料·麻城县调查资料》,1954年

新洲

座谈访问记录:城关镇,民国二年正月初二早上地震,屋动,门摇响,城墙摆动,瓦格格地响,人跑出户外,走在路上的人感到头昏。

《武汉地区地震调查综合资料·新洲县地震调查情况》,1954年

黄冈

座谈和访问记录:民国二年正月初二地震。屋内轰的摇了起来,人们怕屋倒,跑出户外。

《武汉地区地震调查综合资料·黄冈县地震调查资料》,1954年

武汉市

东湖区座谈和访问记录:民国二年正月初二早上地震,房子格格响,木板壁响,碗柜子里的碗响,吊着的东西摆动,个别坏房子有掉瓦的。

硚口区座谈和访问记录:民国二年正月初二早上六、七点钟地震,屋子摇动,叠着的碗响,人们吓得往外跑。

《武汉地区地震调查综合资料·武汉地震情况》,1954年

【按】

河南信阳、光山等地的县志亦有相似记载。如民国二十五年《信阳县志》载:“民国二年正月初二地震,房屋至有崩倒者。是月十三日、二十二日、二十八日,至二月二日又震。”民国二十五年《光山县志》载:“民国二年正月初二日,地震有声,约一小时,房屋树木皆摇动,池水波荡二、三尺,二月初二日,地又震动。”

李善邦《中国地震目录》作:“1913年2月7日在麻城(北纬31.2°、东经115.0°)发生5级地震,震中烈度Ⅵ度。屋宇有倾倒者。武汉、黄冈亦震。”这次地震与河南信阳(北纬32.2°、东经114.1°)的5级地震同时,是否是同时两个地震?麻城地震的震中位置是否在麻城北黄土岗一带?待考。

民国三年阴历甲寅(公元 1914 年)

麻城

〔民国三年〕地震。

民国《麻城县志续编·灾异》卷十五,民国二十四年铅印本

武汉市

民国三年废历正月间,武汉发生地震一次,为时颇久。

《武汉日报》,1932 年 4 月 7 日

民国四年阴历乙卯四月(公元 1915 年 5 月 14 日—6 月 12 日)

房县

房县下坝调查和访问记录:民国四年四月间有一个晚上,约七点钟发生地震,门上挂的灯笼摇摆不停,屋架、屋瓦咔咔作响,人站在地上好像要倒下似的,一直持续约三十分钟左右。中坝公社调查和访问记录:民国四年四月间地震,房屋列架和房上瓦哗哗吱吱呀乱响,人站立不稳,感到头晕目眩,仅持续十几分钟。

《房县历史地震调查报告》,1981 年

均县(今丹江口)

1915 年均县微震约十分钟左右。

《汉江流域地理调查报告》,1957 年

民国五年阴历丙辰(公元 1916 年)

麻城

〔民国五年〕地震。

民国《麻城县志续编·灾异》卷十五,民国二十四年铅印本

民国六年阴历丁巳正月初二日(公元1917年1月24日)

英山

〔民国六年正月初二日〕地震,有声如雷,墙壁动摇,人皆逃离户外,移时始定。(二月初一日又震,较前颇轻。)

民国《英山县志·祥异》卷十四,民国九年活字本

麻城

地震如雷鸣,人感到强烈震动,站立不稳,惊逃户外,墙落土,门款响,塘水起波,鱼跃上岸,黄家畈、竹家湾、宋埠有个别倒墙的。城关鼓楼街吴东教先生有诗一首:"兀坐方吟咏,无端自震惊,土垣遂震落,几落并人倾。"

《武汉地区地震调查综合报告·麻城地震调查资料》,1954年

黄冈

地震时屋动,落尘土,门窗响,悬挂物摇晃,人惊逃户外。

《武汉地区地震调查综合报告·黄冈县地震调查资料》,1954年

新洲

地震时房屋动摇,人往外跑,墙落土。

《武汉地区地震调查综合报告·新洲县地震调查资料》,1954年

鄂城

刘知得笔记:民国六年正月初二日上午九点钟,予家住在县衙门口下首,拜年归家,这时房屋浅窄,楼下是铺面及厨房,正房均在楼上,见对面之砖墙裂而复合,合而复裂,于是动摇六七次,全楼箱柜款子响动,地震动了五分钟之久。东门凤凰台一塔顶靠东面垮了一块。(我们实地了解的结果:该塔是三国时鲁肃所建,距今已二千余年,腐朽相当严重,故于民国六年时塔顶垮了一块。)

《武汉地区地震调查综合报告·鄂城县地震调查资料》,1954年

阳新

汉口电:湖北阳新县大鸡山煤矿,因前月二十四日地震,崩塌三十余丈,矿夫生埋四十余人,附近房屋亦倒坏十余栋(二日)。

《申报》(上海),1917年2月3日

阳新县属大鸡山煤矿,被震塌矿山三十余丈,有工匠四十余人埋入坑内。山上公司办事处亦被震倒,毙司事工役数人。

《东方杂志》,第十四卷第三号

武汉

〔民国六年丁巳夏历正月初二〕地震,房屋动摇几倒。(二月朔亦如之,而声较微。)

民国《夏口县志》,民国九年刊本,第九页

地震之情形:二日(24 日)晨,记者往营防口方面会友,忽见百物动摇,霎时目眩,己身亦觉站立不定,继见该境方面行人及社会居民狂奔出户,麇集数百人,相顾失色,莫明其故,逾一分钟方止,始知地震之故。

社会之宣传:地震后,社会宣传某处倒墙,某处折屋,记者旋往各方面调查,高墙震绽者有之,倒塌不下数十处。损失无几,亦云幸矣。

《民国日报》(上海),1917 年 2 月 2 日

武昌电:今晨(24 日)武汉地大震,塌屋多处,为历来所未见。

《申报》(上海),1917 年 1 月 26 日

武汉地震续闻:武汉地震一事已纪前报。此次被震地点,上自信阳州,下至南京皆有快电到汉,相距约四千里。查十年来,吾国地震亦有数处,然未有若斯之广且大也。省垣(武昌)方面,督军署后,塌屋一栋,大朝街倒墙者二家,塌屋者一家,武胜门外塌屋三家,宾阳门外洪山街塌屋一栋。汉口方面,何家墩塌屋一栋,沿江岸亦塌屋数处,硚口倒墙者亦有二三处。华景街后铁路外长生街周姓家适在早炊,骇极狂奔,未及防范,致兆焚如。刘家庙附近之蓬户倒塌数家,所幸人口无伤。洪山古刹,高居峰巅,庙宇亦格格动摇。此外,如汉阳高拱桥地方,亦簸塌古墙一堵,并压毙四人。闻汉口发震较省垣几迟一点钟,省垣大震为八点五十分,汉口为九点四十分,而山前山后,上段下段亦有先后之别。租界中各西式楼房均簸动极烈,江河中之轮民各舟,亦如遇风浪一般。

《申报》(上海),1917 年 2 月 2 日

《武昌地震,坚固的建筑物动摇》 本报武昌记者于 1 月 24 日报

道:今天,春节年初二,在武昌发生了一次地震。这次地震,除了当地最老的居民以外,对所有的人来讲,都是陌生的。大约早上九时发生了一次多年来最强烈的地震,保守一些的人估计,它持续了30秒钟,房屋和墙壁可以看得出和感得到在动摇。震动开始时是轻微的,在许多情况下,它好像是一个人在猛力踩踏地板,愈踩愈剧,直到门窗格格作响,地板在脚下稍有起伏现象,以后像突然来临一样,突然停止了,这样运动好像是逐步静止下来的,恰像巨浪过后,一片平静。明显的损失很少,各处有墙倒塌,几块瓦片从古老建筑物上震下,受惊的居民从屋内冲上街上,他们开始喋喋谈个不休。

《字林西报》(上海),1917年2月2日

(湖北武汉等地)一月二十四日,即阴历正月初二,江、浙、皖、鄂各省多发现地震,据多方传述,长江流域被震地点,上至四川,下至安庆,而以武汉之震动为最甚,其他则山东为较强。是日武汉之地震起于上午八时四十三分,系东西震动,约阅三四分钟始止。当地未震之时,即有一阵大风由北方吹来,如千军万马飘忽而至,并有人眼见一群大雀随风直飞,飞过后始见地震。震时房屋动摇,砖瓦有坠落者,凡建筑弗固之屋,遇险者颇多,曾压毙数人。其在江中之船颠簸不定,幸为时尚少,否则其害不堪言矣。大震之后,阅一小时复见微震,同日长江流域发现小地震之处颇多,其在南通地方亦于深夜之际发现地震,惟其震力极微,人所不易觉耳。总之,此次地震,其震域之广且震力之强,实为我国所罕有也……

南通军山气象台《民国六年第一季度报告》

民国六年一月二十四日晨八时四十七分,安徽、河南、湖北三省间地震,屋瓦皆飞,墙壁倾颓,山石崩坠,在霍山、英山间崩坠之石有大逾一屋者。震时有声如雷鸣,霍山县境内死伤共数十人。震动范围延及鲁、苏、皖、豫、浙、赣、鄂、湘八省,面积约六十万平方公里……

《东方杂志》,第二十卷第十六号

【按】

以上所记地震为公元1917年1月24日08时48分12秒安徽霍山西

南(北纬 31.3°、东经 116.2°)$6\frac{1}{4}$级地震波及。

农商部地质调查所《民国六年一月至三月地震调查报告》(《北洋政府农商公报》第三十五期,1917 年)关于湖北武昌、鄂城、嘉鱼等地的地震调查表,附录于后。

民国六年一月二十四日湖北省部分地区地震调查表

县	时　　间	烈度	方向	报告人
武昌	上午八时三十分三秒—上午八时三十三分五秒	Ⅵ	↙	县知事
鄂城	上午九时	Ⅷ	←	县知事
嘉鱼	上午八时十分七秒—上午八时十分二十秒	Ⅳ		县知事
麻城	上午九时二十五分九秒—上午九时三十分五秒	Ⅷ		县知事
崇阳	辰时十二分七秒—辰时十二分三十秒	Ⅲ		县知事
通山	上午七时四十三分二秒—上午七时四十五分十五秒	Ⅲ	↙	县知事
通城	上午八时七分五秒—上午八时五十二分九秒	Ⅳ	→	县知事
大冶	上午八时三十分二秒—上午八时三十一分五秒	Ⅵ		县知事
夏口	上午八时三十分三秒—上午九时十六分三秒(共二次)	Ⅵ	↙	县知事
汉口	上午八时五十分—上午八时五十分三十秒	Ⅶ	↘	税关
汉川	上午七时二十五分—上午七时二十六分	Ⅷ		县知事
孝感	上午八时二十分十五秒—上午八时二十分五十六秒	Ⅵ	←	县知事
孝感	上午八时三十一分—上午八时三十三分	Ⅲ		站长
沔阳	上午六时十二分三秒—上午六时二十五分五十秒	Ⅲ	←	县知事
黄冈	上午八时三十分四秒—上午八时三十分三十二秒	Ⅳ		县知事
黄安	上午八时一分四秒—上午八时十分五十一秒	Ⅶ	↓	县知事
黄梅	上午八时二刻,顷刻间二次	Ⅶ	↓	县知事
蕲春	上午七时三十五分一秒—上午七时三十五分六秒	Ⅵ		县知事
罗田	上午八时二十九分—上午八时三十分十五秒			县知事
安陆	辰时十一分五秒—辰时十五分八秒	Ⅴ	↘	县知事
云梦	上午十时三十分二秒—上午十时三十六分三秒	Ⅵ	↓	县知事
蕲水	辰时二十分十秒—辰时二十分二十秒	Ⅵ	↘	县知事
应山	辰时十分五秒—辰时十分二十八秒	Ⅳ		县知事

续表

县	时　　间	烈度	方向	报告人
应城	上午八时三十二分三秒—上午八时三十二分三十秒	Ⅳ		县知事
襄阳	上午八时十分三十秒—上午八时十分四十秒	Ⅳ		县知事
钟祥	上午七·八时	Ⅶ	→	县知事
京山	上午八时十分—上午八时十二分十五秒	Ⅳ	→	县知事
潜江	上午八时	Ⅲ		县知事
荆门	上午八时七分十一秒—上午八时七分二十四秒	Ⅳ		县知事
均县	上午八时	Ⅱ		县知事
宜昌	上午八时四十四分—上午八时四十四分十四秒(共二次)	Ⅲ	↙	税关
沙市	上午九时三十八分—约一分钟	Ⅲ		税关
江陵	上午八时一分十五秒—上午八时二分五十秒	Ⅴ	↙	县知事
英山	上午七时三十分一秒—上午七时三十一分一秒	Ⅵ	↓	县知事

民国六年阴历丁巳二月初一日(公元 1917 年 2 月 22 日)

英山

〔民国六年〕(正月初二日地震,有声如雷,墙壁动摇,人皆逃离户外,移时始定。)二月初一又震,较前颇轻。

民国《英山县志·祥异》卷十四,民国九年活字本

黄梅

湖北第二次地震,时黄梅县所辖之某镇,忽地下陷一水塘,周围约二三丈。

《时报》(上海),1917 年 3 月 17 日

二月朔日,该县卓壁镇,又陷地数丈成穴,有水涌出,居民无不骇异。

《申报》(上海),1917 年 3 月 11 日

麻城、罗田

至二月二十二日十一时震又加剧,隆然有声,霍山、麻城、罗田诸县境内房屋率多倾倒,感震之地亦延及数省,广至四余万平方公里,至四月中旬犹时闻鸣声云……

《东方杂志》,第二十卷第十九号

武汉

〔民国六年〕(夏历正月初二地震,房屋动摇几倒。)二月朔亦如之,而声较微。

民国《夏口县志》,民国九年刊本,第九页

晨八时三十五分各地又觉震动,惟不如上次之烈。事后调查,武汉并未倒塌房屋,而房屋器物亦未大摇动。

《时报》(上海),1917年2月28日

本日午前十时,此间又复地震,其震并不甚烈。(22日汉口电)

《申报》(上海),1917年2月23日

2月22日武汉第二次地震,虽不及上次之猛烈,然闻当时各街市店铺所悬之招牌均略摇动,江面亦有波动,因时有微风,人多不惊觉。陆地居民,则以楼居者知觉较早,因屋瓦响动,墙垣动摇,胆小之人纷逃出外。如省垣黄土坡女子师范各生,竟相率狂奔,大呼而出。又省署教育科某书记,闻声由室中趋出,适有屋瓦两片落下,击破头颅,血出如注,幸未重伤。至房屋经此一再震动,墙垣炸裂者甚多,倒塌者间亦有之。如省垣望山门外正街,徐东源水烟店刨烟房已塌,幸屋矮料小,仅伤三人,并不甚重。武胜门外下新河地方,亦塌小屋三椽,屋中人幸未罹险。汉口方面,则尚未闻有塌屋之事。惟据人言,此次震动,以东西两方较烈,南北较平稳。又有人登蛇山者,觉身忽动摇,步履无主,忽伏于山上,以耳近土约数秒钟,闻有轰声,自东北至,山又微动约三秒钟,以此观测,似此次震动为时虽不过一分多钟之久而且烈也……

《申报》(上海),1917年3月2日

22日午10时20分,汉口一带又有地震,但较前不甚强烈。

《盛京时报》(沈阳),1917年2月24日

此次大震之后(指上月地震),各处之小地震时有所闻:二月二十二日,即阴历二月初一午前十时,武汉复有第二次之地震,震力颇微,人多不觉。二月二十一日上午三时五十分五十九秒至六时十八分,徐家汇天文台地震自记机亦发现一长远地震线。凡此各种小地震,要皆大地震之余波,所谓余震是也……

南通军山气象台《民国六年第一季度报告》

民国六年二月二十二日湖北部分地区地震调查表

县	时　间	烈度	方向	报告人
武昌	上午九时十五分六秒—上午九时十六分三秒	Ⅲ	/	县知事
黄冈	上午十时三十分二秒—上午十时三十分八秒	Ⅲ		县知事
麻城	上午九时四十五分三秒—上午九时四十六分二秒	Ⅷ		县知事
黄安	上午九时十五分十三秒—上午九时十六分五十秒	Ⅲ	↑	县知事
黄梅	上午九时一刻。约二秒	Ⅳ		县知事
蕲春	上午九时十分四秒—上午九时十分七秒	Ⅲ		县知事
云梦	上午九时五十分—上午九时五十二分	Ⅳ	←	县知事
英山	上午八时四十分一秒—上午八时四十分三秒	Ⅳ	↓	县知事

农商部地质调查所《民国六年一月至三月地震调查报告》,
《北洋政府农商公报》,第三十五期,1917年

【按】

以上所记地震为安徽霍山1月24日$6\frac{1}{4}$级地震之余震波及。

民国六年阴历丁巳二月初八日(公元1917年3月28日)

武汉

两次地震早详本报。昨二十八日一点零三十分钟时(即二十七日夜半),省垣地又微震,略三四分钟久,以震之烈度甚微,故知者甚少(记者亦不知),然路道啧啧,故录之以质诸众。

《大汉报》(武汉),1917 年 3 月 29 日

【按】

以上所记,可能是安徽霍山 1 月 24 日 $6\frac{1}{4}$ 级地震的另一次余震波及。

民国七年阴历戊午正月初三日(公元 1918 年 2 月 13 日)

武汉

〔民国七年正月初三日〕下午二时地微动,房屋及树木动摇,较丁巳正月略缓,而时稍长。

民国《夏口县志》,民国九年刊本,第九页

今日下午二时二十分汉口地震约两分即止,震动不甚剧烈。(汉口十三日东方通讯社电)

《时报》(上海),1918 年 2 月 14 日

查此次地震,在阴历正月初三日午后二句(点)半钟,距去年正月初二地震,恰巧周年,但震力不大。汉口、汉阳地系全动,武昌只山前动,记者所居在后山,毫无所觉。且闻山前地面有动有不动,是诚大可异也。

《申报》(上海),1918 年 2 月 24 日

【按】

此次地震为公元 1918 年 2 月 13 日 14 时 07 分 13 秒广东南澳(北纬 23°30′、东经 117°13′)$7\frac{1}{4}$ 级地震波及。

民国九年阴历庚申十一月初七日(公元 1920 年 12 月 16 日)

汉口

汉口地震时现象:十六日晚八时余,汉口忽然地震,其范围之广狭,虽一时难以考察,而震动力较民国六年过之。事后调查有杨家河

上某姓朽墙被震倒半壁,并未伤人。又后城马路……三层楼上,适演坐唱汉戏,各座客当地震时,见房屋摇动,恐系楼坍,因该楼腐败之故,纷纷往二层奔走。有五旬余之某甲,由三层滚之二层,将额角撞破,鲜血直流,当经该楼主送往某医士诊治。

《民国日报》(上海),1920年12月22日

郧西、襄阳、宜城

民国九年十二月十六日甘肃及其他各省地震之情形:"湖北省沿汉水流域,如郧西、襄阳、宜城一带,俱觉微震。据河口电局报告,地震时刻在下午八时,历时约五六分。

《地学杂志》,1922年第八、九合期

竹溪

1920年竹溪地动。

《汉江流域地理调查报告》,1957年

随县(今随州)

1920年随县洪山,桌上碗掉,不坚固房倒。

《汉江流域地理调查报告》,1957年

京山

1920年京山地震,桌上物品摇动。

《汉江流域地理调查报告》,1957年

【按】

以上所记地震为公元1920年12月16日20时05分53秒宁夏海源(北纬36.5°、东经105.7°)8$\frac{1}{2}$级地震波及。

民国十三年阴历甲子十月二十五日(公元1924年11月21日)

长阳

〔民国十三年十月二十五日〕地震。

民国《长阳县志·祥异》卷三,民国二十四年手稿本

民国十三年(公元1924年)

均县(今丹江口)

1924年均县微震,门扣摇动。

《汉江流域地理调查报告》,1957年

民国十四年阴历乙丑元月十七日(公元1925年2月9日)

郧西

郧西城关座谈和访问记录:1925年元月十七日晚饭前地震,桌椅移动,碗盆互撞声响一片,人们惊逃户外。当晚县城七华里以远的地方都有同样感觉。

《郧西历史地震调查报告》,1981年

民国十九年阴历庚午三月(公元1930年3月30日—4月28日间某日)

麻城

座谈和访问记录:民国十九年三月发生地震,有轰轰的响声,门摇瓦响灰尘下掉,屋里人都感觉到。

《武汉地区地震调查综合资料·麻城县调查资料》,1954年

黄冈

座谈和访问记录:民国十九年有一天午饭后发生地震,器物动摇发出响声,但无损坏。

《武汉地区地震调查综合资料·黄冈县地震调查资料》,1954年

武汉市

武汉市惠济区:民国十九年三月某日上午九时地震,屋梁、门款和碗柜里的碗都响,不到一分钟时间。

《武汉地区地震调查综合资料·武汉地震情况》,1954年

民国二十年阴历辛未五月十六日(公元1931年7月1日)

利川清坪

1931年7月1日15时48分在咸丰、利川一带(北纬30.0°、东经109.0°)发生5级地震。

《中国地震目录》,1971年

【按】

国家地震局《中国地震简目》所作发震时间为1931年7月1日15时48分39秒。本编辑室刘锁旺、丁忠孝对此地震作了实地考察,认为,震中位置在北纬30°06′、东经108°58′,即利川清坪,震中烈度Ⅵ度,震级5级,震源深度13千米左右。兹将宏观调查情况简述如下:

Ⅵ度区:包括利川的清坪、麻山、红椿三个管理区,面积约181平方千米。在此区内,房屋摇晃,家里瓷碗相互碰撞作响,人们感觉强烈,惊慌奔逃,田水掀波,涌越田埂。清坪古墓碑上的石帽有错开痕迹。麻山、红椿,房屋抖动欲倒(当地民房均为传统式穿斗木架结构,抗震性能极好),行人站立不稳,有一老农妇震掉怀里抱着的孙儿。

Ⅴ度区:包括利川县城关镇,西北至凉雾山、甘溪山、马前,西南至忠路、咸丰小村、黄金洞,东至利川毛坝的茶矿溪、清水洞,东北至珠砂、官圹一线,总面积约1 580平方千米。区内普遍有感,有的反映比较强烈。利川城关镇老中医黎云波说:民国二十年地震时,菜碗从柜子上滚下,田水起波,塘水振荡,房屋嘎嘎作响,家中饭碗碰撞有声。

有感范围:东起恩施大吉,西抵利川齐岳山东侧,南至咸丰活龙、茅坝、清坪一带,北达利川团堡以北,呈近北东东向的椭圆形,面积约2 000平方千米。

地质构造背景:本区位于鄂西南断块隆起区,构造线呈北北东向展布,但形迹略向北东东偏转。此区受北北东或北东向的咸丰断裂、黔江—黄金洞断裂、郁江—建始断裂和金佛山—巴东断裂的控制。挽近期以来,这些断裂都有程度不同的新活动迹象,地貌反差明显,现代河流多发育在断裂谷地中,沿断裂带可见明显的断层标志,历史上曾有多次地震、山崩和大规

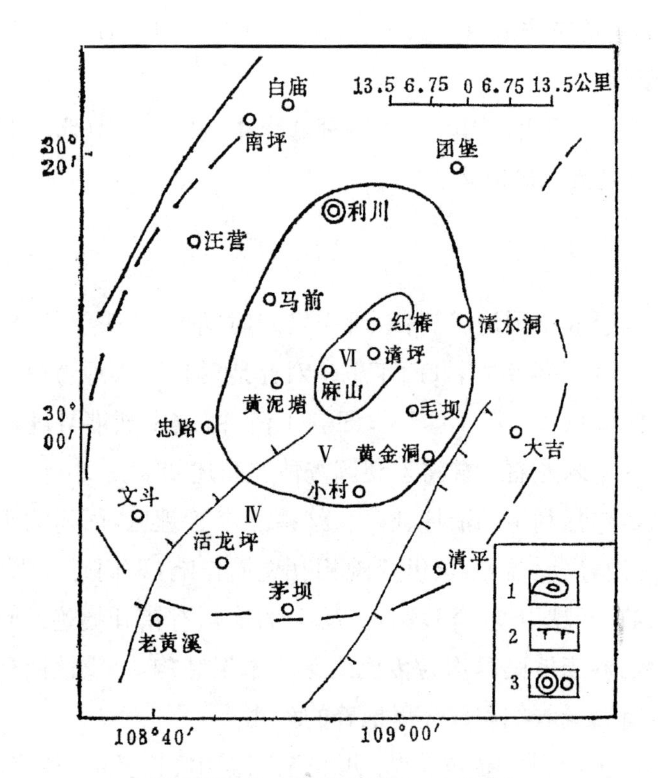

1. 等烈度线 2. 主要断裂及倾向 3. 居民点

1931 年 7 月 1 日利川清坪地震等震线图

模滑坡的记载,近代亦时有发生。这次地震发震的主要断裂是郁江—建始枢纽性断裂。

民国二十一年阴历壬申三月初一日(公元 1932 年 4 月 6 日)

麻城

〔民国二十一年三月初一日〕北乡地震,民房多倒塌,三月莺山尖等处地裂,黑水涌出,山顶一庙飞出无迹,又有大石五、六方飞落郭家畈田中。

民国《麻城县志续编·灾异》卷十五,民国二十四年铅印本麻城地大震,历时十六小时,人畜死伤甚多。

《东方杂志》第二十九卷第四号

中央社汉口十七日电:麻城县长电民政厅谓鱼(六)日麻城发生剧烈地震,自下午三时起至次日晨七时正,达十六时之久,房屋倒塌甚多,人物损失极巨,请拨款赈济。

《中央日报》(南京),1932年4月18日

湖北省政府前据麻城县县长胡光麓呈报,谓该县福田河、黄土岗一带,于四月六日发生大地震,房屋倒塌,人畜压伤,情况最惨,恳予速颁急赈。

《武汉日报》,1932年5月9日

南京4月17日电,今日湖北省民政厅长发电给内政部报告:延续十六小时的地震,使湖北省东北部麻城地区大部分荒废。

《字林西报》(英文版,上海),1932年4月19日

4月6日发生的地震,在鹫峰的记录上为中等强度。最大的位移是40μm左右。第一次震动在北—南向这一边,但上海徐家汇天文台所记录到的则定在东—西向这一边,这就是说震中在上海以西和北平以南。列出我们观测台的沪—平时差:徐家汇是$1'5''$,而青岛是$1'15''$,用球面投影方法能确定震中在东经$115^\circ \sim 116^\circ$,北纬$31^\circ \sim 32^\circ$的地方。麻城地区破坏严重,相当于罗西-福勒(Rossi-Forel)烈度表的Ⅸ度。

这次地震的原因很明显是由于地壳构造(的变化)所引起的。桐柏山脉为西北走向,直到霍山和潜山那里转向东北走向,成了一个几乎是90°的直角,似乎有两个褶皱互相垂直地碰在一起。在历史上这里附近屡次发生过地震,从1265年到1917年破坏性地震发生过六次以上。最近这次地震可能与以前地震的原因有关。

〔湖北麻城,4月6日电〕当地政府报告,午后3时左右直到翌晨7时,发生了几次强烈地震,本地许多房屋倒塌,多人伤亡。

〔汉口,4月6日电〕报纸报道,午后5时20分左右感到一次地震,玻璃窗被震碎,人们站立不稳,没有造成损失。

〔南京,4 月 6 日电〕报纸报道,午后 5 时 15 分感到一次地震,家具来回移动,一切东西都像在船上一样,没有造成损失。

我们把调查表送请受到地震影响的地区填写,现收到如下的报告(见下表)。

地点		时间	罗-福表烈度	运动	声音
江西省	九江	午后 5:15	Ⅲ	滑动	—
湖北省	广济	午后 5:10	Ⅲ～Ⅳ	平行	Ⅱ行驶中的车辆
	大冶	午后 4:50	Ⅵ	冲动	Ⅴ载重车辆经过
	罗田	午后 4:20	Ⅵ	平行	Ⅴ远方雷鸣
安徽省	舒城	—	Ⅴ～Ⅵ	冲动	Ⅴ载重车辆经过
	霍山	午后 3:40	Ⅶ	平行	Ⅴ载重车辆经过
	东流	午后 4:10	Ⅱ～Ⅲ	—	—

《鹫峰地震研究室地震专报》(英文版),第二卷第一号 1932 年 1—4 月

汉口 4 月 16 日电:据这里今日接到迟延的情报,十日前震动扬子江流域的地震,对湖北省东北的麻城造成巨大的破坏。南京、汉口遭受延续不到一分钟的轻微震动。麻城与宁、汉不同。麻城遭受到连续超过十六小时的震动,地震骚动从六日下午三时起延续至翌晨七时,有几个村子十分之七左右的房屋倾塌。

《字林西报》(上海),1932 年 4 月 18 日

刘涛同志在中南财委汇报摘录:民国二十一年阴历三月初一日下午五点整地震二十余动。麻城黄土岗东西十里、南北二十里房屋被震倒很多,有裂缝者更多,古洞小庙(木架结构)和庙后挡风墙倒塌,坟碑震断。山石滚落,最大的有七尺高,四尺宽。地裂冒黑水,井水干涸,河水翻腾。地震时,鸡飞狗叫,人站不稳,郭家畈郭万玉的母亲有病睡在床上被掀倒在地,陈家湾死一人,郭家畈伤残一人,压倒屋底一人(后被救出)。地震后,人们在外边搭棚子睡觉四十多天。

黄土岗镇调查情况:(1)地震像一阵风吹来,尘土飞扬,屋上的瓦格格的响,碗及门款子响,悬挂的东西摇摆。(2)一道河吴卓海房基裂

开,区政府房前裂开五六丈长的缝,涌水高出地面一公尺余,余姓地里裂一口子约有五公分宽,六公尺长,水将田淹没。(3)莺山下郭家畈房屋 66 间倒了 38 间。古洞寺小庙倾倒。牌坊歪斜。(4)四道河以上、黄土岗以下七八里这一带最厉害。

大河背湾房子倒了十多间,未倒的有裂缝。

严家畈乡严家湾村调查综合情况:房子倒塌的占小部分,倒檐墙的有一半,对面的观音庙及双柏庙都有裂缝,冒黑水,有臭味,天井的石头都震起来了。

鸭棚湾房子大都倒了,伤二人。

肖家畦房子倒了一半,塘堰也垮了。

周家楼湾有十四五户人家,墙大部分倒塌。

福田河区张店乡杨家湾村访问结果:全村倒了五十多间房子,未倒的墙都裂了口,约一公寸左右,地裂缝,冒黑水。南至伍家河,北至虎头狮,东到石家湾,西到河西湾一带厉害些。

福田河区张店乡河西湾村访问结果:房子全倒的没有,裂缝较普遍,附近山上有一悬石被震落,有渔网那样大。

福田河镇地震调查情况:不坚固的柜台倒了十余个,柜台高一公尺,是青砖砌的,中心是乱石灌成的,有一户青砖墙震倒了,有的房子瓦震落,墙裂比较多,青砖较土砖损坏的多,有一家石门楣被震断了,落下伤一人。

阎河地区地震调查总结报告:二十一年的地震,阎河镇唐饮和药店牌楼上的四个顶子及寿星商标被震掉,曾家祠堂后墙房檐震塌。黄家畈有个别房子裂缝。

县城关镇座谈访问记录:情况如民国六年差不多,走路的人感到摇晃。

宋埠镇座谈访问记录:地震时,屋顶扇动,人就感到站不住。

《武汉地区地震调查综合资料·麻城县调查资料》,1954 年

黄冈

座谈访问记录:民国二十一年地震,屋内碗响,掉灰尘,墙晃,门款

响,人们普遍有感,奔出户外。

《武汉地区地震调查综合资料·黄冈县地震调查资料》,1954年

鄂城

座谈和访问记录:民国二十一年阴历三月初一(朔)下午五点钟地震,凡二十余动(刘知得笔记)。

《武汉地区地震调查综合资料·鄂城县调查资料》,1954年

武汉

昨(六)日午后五时二十分,本市发生地震,顿时屋宇震动,窗门摇撼,为时约五秒钟即止。

《武汉日报》,1932年4月7日

本报汉口六日下午五时二十分专电:鱼(六)日此间大雷雨,气温骤降二十余度,午后四时许,略降雪花,五时二分地震,房屋玻璃多被震碎,行人都不能自持,历时八分钟始停。

《世界日报》(北京),1932年4月7日

汉口四月六日电:今日下午五时十三分,武汉地区有相当强烈的地震,震动遍及全地区,并在汉口引起恐慌,惊慌失措的市民冲出住宅,到空地以策安全。虽然家中和办公室的钟停了,但震动时间很短,没有造成重大损失。

《字林西报》(上海),1932年4月7日

1932年4月6日17时11分18秒在麻城黄土岗(北纬31°22′、东经115°04′)发生Ms=6级地震,震中烈度Ⅷ度,震源深度13公里。

Ⅷ度区:东起桐视冲附近,西至新屋河,北起彭家湾,南至陶家院子,面积约84平方公里,长轴成北东35°的纺槌形。此区内以鹰山、郭家畈、古洞寺至一道河等地受震最强烈。房屋倒塌50%～60%,东侧的房屋也多震歪或墙裂瓦落。鹰山开裂冒水,崩落巨石重万余公斤,其下河滩、田畈裂缝冒沙水。古洞寺为砖木结构瓦房,地基坚固,全被摧毁。除此之外,其他房屋倒塌10%～50%,墙普遍裂缝,灶台亦多毁坏,地裂缝发生在山脊、山坡、河滩、田畈、塘坎等处并冒水冒沙。陡峻山崖普遍崩裂,井泉水多变浑或干涸,塘水、河水翻起波浪。此区内

共压死6人,伤27人,死伤猪、牛4头。

Ⅶ度区:南自长岭公社和江澍公社,北至河南省两路口公社金家边、罗卜园,面积约340平方公里。人们普遍惊慌,房屋有轻度损坏,也有倾倒或歪斜的,局部地裂缝,少数山崖崩塌,个别人畜受伤。

Ⅵ度区:东至刘家河公社及河铺公社之间,西到湾店公社凤凰山,南至迎河集,北至河南省新县,面积约1 460平方公里。人们普遍有感,墙壁裂缝,屋檐掉瓦,个别旧房也有倾倒的。其他如房架、门环、箱环、碗等均格格作响。

Ⅴ度区:室内80%的人有感,墙上掉土掉灰,门环响、碗响。

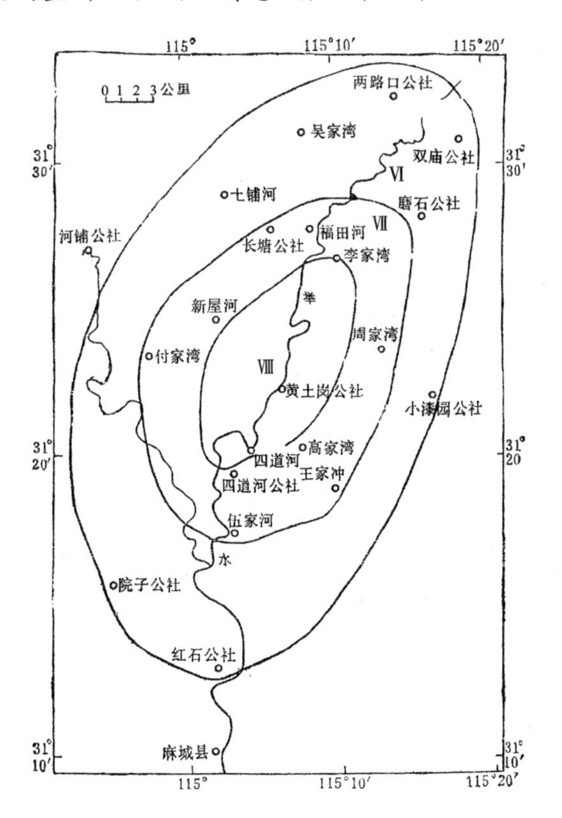

1932年4月6日麻城6级地震等震线图

有感范围:东到江苏南京,西到武汉以西,南到江西南昌,北到河南新县以北。

地震特征:(1)当日下午天色昏暗,先声若闷雷,顿时山摇地动,山崩地裂,井泉枯竭,人畜伤亡。(2)震前曾有小震2～3次,主震约几分钟,余震20余次,延续数月,震中区居民在外搭棚居住,一二年内仍有余震。(3)地裂缝半数以上为南北向,其中最大的一条长120米,宽1米,生成于邬家湾料山山坡片麻岩中。(4)震中位置在麻城—团风断裂以西约12公里,震中区北东30°～35°构造线有鹰山尖—四道河平推逆断层,碎石山—李家湾平推断层,杨家湾—西冲泵平推逆断层。北东60°构造线有古洞寺—上马石平推断层。北东10°南北向构造线有铁匠岩—砣儿石平推逆断层。以上北东30°～35°诸断层与等震线轴向相一致,但依其规模或活动性,似无孕生6级地震的能力,故此次地震成因,当与麻城—团风大断裂近期活动有联系。

《湖北省麻城1932年地震调查报告》,1971年12月

民国二十三年阴历甲戌二月初四日(公元1934年3月18日)

麻城

〔民国二十三年二月〕地震。

民国《麻城县志续编·灾异》卷十五,民国二十四年铅印本

鄂城

鄂城县城关座谈和访问记录:民国二十三年阴历二月初一(?)上午七点钟地震,四五动(刘知得笔记)。

《武汉地区地震调查综合资料·鄂城县调查资料》,1954年

武汉

武汉三镇,昨(十八)晨,四时三十分发生地震,约三十秒钟即止,动力甚弱,居民曾从梦中惊觉,清晨八时二十分继续发生,历时约一分钟,动力较强,居民莫不惊恐,震源待查。

《武汉日报》,1934年3月19日

汉口3月21日电:本港口在星期日晨间,曾经遭受两次地震,一

次发生于五时三十分。另一次于八时十七分。第一次震动只有少数人察觉,他们感到似乎有人猛烈摇他们的床铺而被弄醒。第二次震动则有人感到持续几秒钟,其感觉类似于大爆炸石的震颤。位于硚口的B. C. C. 有一烟囱震倒,从屋顶倒下的声音,使居民极度惊恐,认为屋顶将在头顶倾塌。

《字林西报》(上海),1934年3月28日

南京,中央气象台报告:十八日晨八时,汉芜、安庆一带感觉轻微地震,本台地震仪器于八时十八分十二秒开始记录,历时二分余钟,性质急。计算方向为西稍偏南,距京四百七十八里,震源约在安徽霍山、潜山之间折断层,深度三四十公里,震源偏在山地,而震度又弱,不致酿成灾害损失。又于上午四时五十四至五十七分间,连续的有两次小震,或即为前驱之震,势极微弱,汉口则亦曾感及云云。(廿日中央社)

《新闻报》(上海),1934年3月21日

民国二十四年阴历乙亥七月十二日(公元1935年8月10日)

秭归

三斗坪上属之黑岩子,太平溪及秭归县下段一带,于本月十日中午突发生地震,房屋顿形摇动,并由地下发出响声,数小时始告平息,闻仅损失少许用具,尚未酿成巨灾云。

《武汉日报》,1935年8月18日

【按】

此条地震资料,原疑为山崩滑坡。为了弄清真情,1981年宜昌地区行署地震办公室进行了调查落实。调查后认为,1935年阴历五月底暴雨七天七夜,雨后,宜昌莲沱山崩滑坡,一个多月后,即七月中旬在太平溪一带发生地震,有感范围较广。其访问座谈会记录摘要如下:太平溪食品厂工人张元昌,69岁,他说:乙亥年五月二十九日,暴雨七天七夜,六月六杀了两头猪,当天卖的钱晚上就贬值了,过了两天,就是六月八日莲沱山崩滑

坡,所以印象很深。莲沱山崩一个多月以后才发生地动,那天吃中午饭后,室内的人都有感觉,很宽的范围内都有感觉。太平溪公社茶叶科研所农工周祖经,63岁,他说:七月份有一天午饭后,在山上放牛,站在一块桌面大小的石头上,忽然觉得脚下石头晃动了一下,当时以为要崩山,赶紧跳开那块石头,转回头看,那块石头并没有动。回家听祖父讲,他们也感到地动,说是鳌鱼眨眼,碗柜里的碗有的被碰破。其他几位老人的叙述大体相同。

民国二十六年阴历丁丑六月二十五日(公元1937年8月1日)

武汉

武汉前日曾发生地震,历时四十秒钟,房屋幸未移动。本月一日,豫、鲁、苏等地发生地震,武汉方面亦被波及,是日晨四时二十分至三十分之间曾有微震,历时约四十秒钟,悬于空际之物,均摇摆不止,唯居民多在梦中,觉察者甚少。

《壮报》,1937年8月3日

汉阳鹦鹉洲,一日发生地震两次,一在晨间二时十五分钟,历时甚短,一在晨四时三十五分钟,震动颇微,室内器物被颤,约三分钟始停,居民梦中惊醒,纷逃户外,尚无意外事发生。

《壮报》,1937年8月4日

【按】

以上两次地震均为山东菏泽(北纬35.2°、东经115.3°)7级和$6\frac{3}{4}$级地震波及。

民国三十六年(公元1947年)

房县

1947年房县地震。

《汉江流域地理调查报告》,1957 年

民国三十七年阴历戊子正月初十日(公元 1948 年 2 月 19 日)

保康黄化

1948 年农历正月初十……保康城关镇及其东南面的黄化、黄堡等地(地震)。震中大致在黄化附近。极震区长轴作北西方向延伸。地震时,人站立不定,听到隆隆声,房屋墙壁倒塌,掉砖掉瓦。例如黄堡王家一道墙被震倒大部分,黄化张生民家一垛石头墙被震塌丈余长,土门孙家湾屋檐掉瓦打伤人。保康城关一人端着饭碗吃饭,饭碗被震脱手。由此看来,1948 年地震的震中烈度可达八度。

《钟祥、保康地震宏观调查初步报告》,1969 年

【按】

国家地震局《中国地震简目》作:"1948 年 2 月 19 日在保康黄化(北纬 31.9°、东经 114.4°)发生$4\frac{3}{4}$级地震,震中烈度Ⅵ度。"

中华人民共和国

（公元 1949 年—截至 1985 年）

公元 1950 年 9 月 25 日

鄂城

1950 年阴历 8 月 14 日天刚亮时发生地震。

《武汉地区地震调查综合资料·鄂城县调查资料》,1954 年

公元 1952 年 2 月

麻城

1952 年 2 月麻城黄土岗地震。

《武汉地区地震调查综合资料·麻城黄土岗地震调查访问报告》,1954 年

公元 1952 年

竹溪

1952 年竹溪地动。

《汉江流域地理调查报告》,1957 年

公元 1953 年 9 月 24 日

郧西

1953 年阴历八月十七日午饭后发生地震一次。

《郧西历史地震调查报告》,1981年

公元1954年2月3日04时50分

蒲圻县(今赤壁)城东

1954年2月3日04时50分地震,地下发出轰轰声如雷鸣,门窗玻璃格格作响。

《关于蒲圻县地震调查报告》,1954年

公元1954年2月3日15时

蒲圻县(今赤壁)城东

1954年2月3日15时地震,有声如雷,门窗作响。

《关于蒲圻县地震调查报告》,1954年

公元1954年2月5日04时

蒲圻县(今赤壁)城东

1954年2月5日04时地震有声。

《关于蒲圻县地震调查报告》,1954年

公元1954年2月8日04时57分56秒

蒲圻县(今赤壁)城东

我县今年入春以来,曾连续不断地发生地震几十次,轻则感觉地面震动,重则房屋动摇,屋瓦震落,有似重型炸弹在远处爆炸的巨响声。震动范围以县城为中心至周围六十华里地。其境界:东北至官塘车站,北至神山镇,西北至车埠,西至余家桥,西南至赵李桥。二月间,由于震动严重,曾在七区石坑乡发生倒房屋庙宇,并打伤人、畜……

《蒲圻县人民政府报告》,1954 年

此次地震震中在蒲圻县城东(北纬 29°42′、东经 113°54′),震级 $4\frac{3}{4}$级,震中烈度Ⅵ度,震源深度 8 公里。

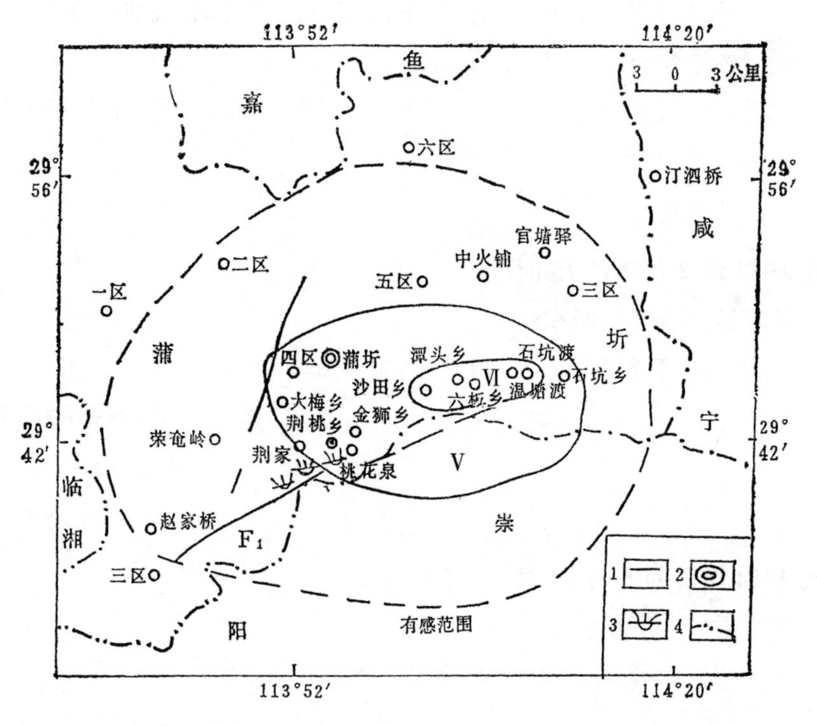

F₁:五洪山—羊楼司断裂 1.断层 2.等烈度线 3.温泉 4.省、县界

1954 年 2 月 8 日蒲圻$4\frac{3}{4}$级地震等震线图

Ⅵ度区:沙田乡古庙屋顶震塌,倒房六间,庙内居民闻震声急躲于床下,得免伤亡,庙东一里地,某家两封檐被震劈。潭头乡房屋掉瓦,墙壁旧有裂缝加宽。大梅乡有一木架结构的破庙,其前檐横檩东端被震脱榫,下落尺许。石坑渡旧庙之后殿东墙呈垂直向裂缝,北墙旧有裂缝加宽,瑞碧滩倒房檐墙两间。

Ⅴ度区:金狮乡有个别房檐落瓦,门环碰击有声,碗碟碰响。荆桃乡有睡者惊醒,悬挂物摇摆。城关税务局房上落瓦,桌上茶杯震落。

有感范围:东北至官塘,南至崇阳县部分地区,西至湖南临湘县境,北至西凉湖以南二区、六区。有感半径约20余公里。

地震地质条件:震中区南邻临湘弧形构造东翼弧形断裂,即五洪山—羊楼司断裂。此次地震,可视为该断裂的新活动所致。

《关于蒲圻县地震调查报告》,1954年

《再考蒲圻地震》,1977年

公元1954年2月9日19时10分

蒲圻县(今赤壁)城东

1954年2月9日19时10分地震。

《关于蒲圻县地震调查报告》,1954年

公元1954年2月19日07时

蒲圻县(今赤壁)城东

1954年2月19日07时地震,城关室内多数人有感。

《关于蒲圻县地震调查报告》,1954年

公元1954年2月22日07时

蒲圻县(今赤壁)城东

1954年2月22日07时地震,城关少数人有感,城东丰财乡部分人有感。

《关于蒲圻县地震调查报告》,1954年

公元 1954 年 10 月 26 日 17 时 30 分

蒲圻县(今赤壁)城东

近来又发生小震五次,大震三次。十月二十四日下午四点前小震一次,四点半左右又小震一次,晚十一时及下半夜二时各小震一次,二十五日早晨六时半大震一次,二十六日下午五点半又大震一次。后一次震动声大,先是爆炸声响,紧接着轰雷声震动,房屋普遍掉瓦,合作社新修的厕所也震掉了瓦片,老式房屋裂缝。城郊一区营里乡二组(距城关四五里)有一栋老房震掉了屋角,打伤了群众的头。二十九日九时小震一次,十一月二十日夜晚十一时半又震动一次,有睡着的同志被震醒。另外,一区温泉乡(距城十五华里)有一温泉,自春初地震后,流量减少,热度下降。

《蒲圻县人民政府报告》,1954 年

公元 1955 年 1 月 2 日 08 时 50 分

蒲圻县(今赤壁)东城

一九五五年元旦晚上十一点三分时发生一次大震动,约二三秒钟。先响后动,其响声是由远而近的轰轰滚动,声波由大而小,树枝摇曳,窗玻璃咚咚作响,紧接着在元月二日晚上八时五十分又发生大震一次,响声大,好像地下打炸弹一样,轰隆爆炸声响后,不断地震动约二十秒钟之久。墙上震掉石灰块,房顶上被冰冻结的瓦片也有震掉,放在柜顶上的东西也有被震下的。震动范围以城关和城郊区为严重,南至三区赵李桥,北至五区官塘驿车站,西至车埠,东北至四区神山镇均有感。同日晚十一时三刻及下半夜三点一刻左右的时候,又各发生一次小震。现在,凡能通话联系的地区都已联系,尚未发现倒屋及人、畜伤亡事故。

《蒲圻县人民政府报告》,1955 年

公元1957年9月24日—10月22日间某日

房县中坝

1957年阴历八月下坝、中坝地动过一次,三分钟就平静了。

《房县历史地震调查报告》,1981年

公元1959年9月19日20时41分12秒

竹山文峪公社更家湾(今竹山麻家渡镇龙兴村耿家庄)

1959年9月19日20时41分12秒在竹山文峪公社更家湾(北纬32°30′、东经110°00′),发生Ms=2.6级地震。

《长办三峡台网地震目录》

公元1959年11月29日03时33分47秒

郧西上津镇西南

1959年11月29日03时33分47秒在郧西上津镇西南(北纬33°05′、东经110°00′)发生Ms=2.6级地震。

《长办三峡台网地震目录》

公元1960年2月5日09时30分13秒

应城杨家河西

1960年2月5日09时30分13秒在应城杨家河西(北纬31°06′、东经113°33′)发生Ms=3.5级地震。

《长办三峡台网地震目录》

公元1960年3月14日14时56分31秒

光化(今老河口)竹林桥西

1960年3月14日14时56分31秒在光化竹林桥西(北纬32°24′,东经111°49′)发生Ms=2.5级地震。

《长办三峡台网地震目录》

公元1960年4月14日10时56分56秒

荆门栗溪公社胡湾

1960年4月14日10时56分56秒在荆门栗溪公社胡湾(北纬31°15′、东经112°04′)发生Ms=2.9级地震。

《长办三峡台网地震目录》

公元1960年6月16日01时44分49秒

鹤峰县城西北

1960年6月16日01时44分49秒在鹤峰县城西北(北纬29°55′、东经110°00′)发生Ms=3.0级地震。

《长办三峡台网地震目录》

公元1960年12月28日12时19分25秒

安陆青龙西

1960年12月28日12时19分25秒在安陆青龙西(北纬31°22′、东经113°35′)发生Ms=2.8级地震。

《长办三峡台网地震目录》

公元1961年3月3日03时54分03秒

襄阳张集

1961年3月3日03时54分03秒在襄阳张集(北纬32°05′、东经112°26′)发生Ms=3.2级地震。

《长办三峡台网地震目录》

公元1961年3月8日03时00分47秒

宜都潘家湾北

1961年3月8日03时00分47秒在宜都潘家湾北(北纬30°17′、东经111°12′)发生Ms=4.9级地震。

《长办三峡台网地震目录》

此次地震震中烈度Ⅶ度,震源深度14公里,等震线长轴近南北向。

Ⅶ度区:老龙坪、柏竹坪、侯家塘、叶子坑等地,计倒房23间。公社卫生所大门口两侧二石墩,震后南北向脱开0.5～0.7厘米。墙壁普遍裂缝,有50%的房屋掉瓦,有的屋瓦几乎全部落光,受损房屋约600余间,不能住人的约200余间。老龙坪、侯家塘、柏竹坪等三处地裂缝,呈树枝状,最大宽度约10厘米。叶子坑满坑水震后坑底干涸。

Ⅵ度区:栗树垴、潘家湾、石门坎、聂家河等地,屋瓦下滑情况较严重,墙壁裂缝也较普遍。杨家湾一民舍房侧台阶石被震脱离。乌钵池山岩崩塌十余方。五峰县渔洋关墙裂小缝,墙皮脱落。

Ⅴ度区:长阳县城关有两处墙壁部分倒塌,亦有屋瓦滑下。红花套有一老房被震倒。洞口、西寺坪、十字冲一带,掉瓦现象较多。石柱山有大石滑下,附近房屋墙上尘土震落,不稳定的物体游移斜倒。

Ⅳ度区:宜昌50%以上的人有感,兴山县、沙市,个别人有感。

地震地质条件:震中区等震线长轴近南北向,震区建筑物构件震脱节的部位位移方向和落瓦最多的房屋也多为近南北向的。此次地

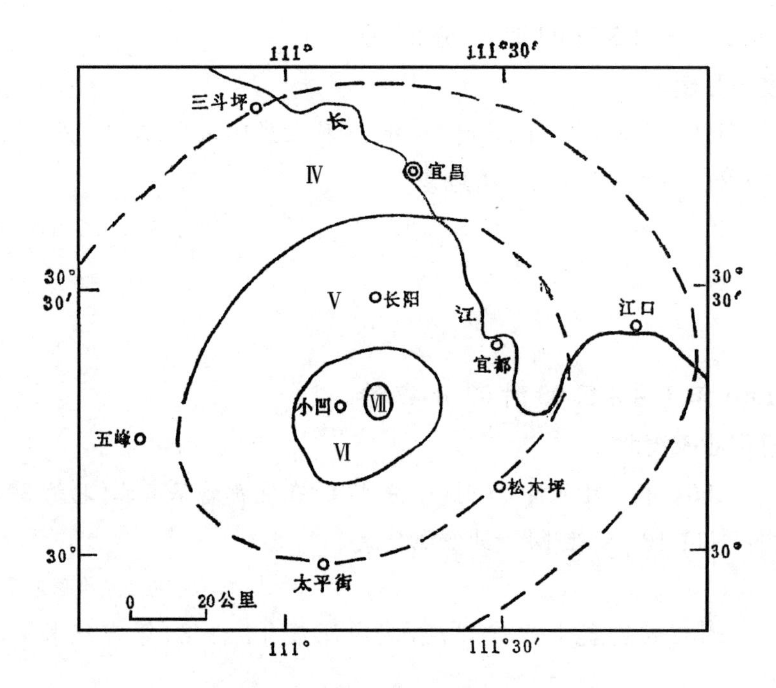

1961年3月8日宜都4.9级地震等震线图

震影响范围甚广,属构造地震。其构造成因,可能与穿过震中区的近南北向仙女山断裂带有密切关系。

《宜都潘家湾地震调查报告》,1961年

《潘家湾地震区外围断裂构造调查小结》,1970年

公元1961年12月15日10时20分41秒

恩施木贡南

1961年12月15日10时20分41秒在恩施木贡南(北纬30°23′、东经109°13′)发生Ms=3.1级地震。

《长办三峡台网地震目录》

公元1962年3月16日12时16分39秒

安陆县城西南

1962年3月16日12时16分39秒在安陆县城西南(北纬31°12′、东经113°39′)发生Ms=3.5级地震。

《长办三峡台网地震目录》

公元1962年4月2日20时55分00秒

天门长寿北

1962年4月2日20时55分00秒在天门长寿北(北纬30°49′、东经113°15′)发生Ms=2.8级地震。

《长办三峡台网地震目录》

公元1962年4月6日13时58分55秒

安陆县城西南

1962年4月6日13时58分55秒在安陆县城西南(北纬31°14′、东经113°39′)发生Ms=2.6级地震。

《长办三峡台网地震目录》

公元1962年10月28日04时19分29秒

天门新堰东

1962年10月28日04时19分29秒在天门新堰东(北纬30°34′、东经113°10′)发生Ms=3.1级地震。

《长办三峡台网地震目录》

公元 1964 年 4 月 12 日 19 时 45 分 00 秒

郧西何家井东南

1964 年 4 月 12 日 19 时 45 分 00 秒在郧西何家井东南(北纬 33°06′、东经 110°36′)发生 Ms=3.2 级地震。

《长办三峡台网地震目录》

公元 1964 年 6 月 15 日 17 时 04 分 56 秒

郧西何家井东

1964 年 6 月 15 日 17 时 04 分 56 秒在郧西何家井东(北纬33°11′、东经 110°39′)发生 Ms=4.0 级地震。

《长办三峡台网地震目录》

公元 1964 年 7 月 12 日 19 时 45 分 30 秒

南漳县城西

1964 年 7 月 12 日 19 时 45 分 30 秒在南漳县城西(北纬 31°46′、东经 111°46′)发生 Ms=2.5 级地震。

《长办三峡台网地震目录》

公元 1964 年 8 月 27 日 06 时 55 分 35 秒

保康县城西

1964 年 8 月 27 日 06 时 55 分 35 秒在保康县城西(北纬 31°52′、东经 110°07′)发生 Ms=2.6 级地震。

《长办三峡台网地震目录》

公元1964年9月5日15时49分03秒

郧县(今十堰市郧阳区)大柳西北

1964年9月5日15时49分03秒在郧县大柳西北(北纬33°05′、东经110°39′)发生Ms=4.9级地震。

《长办三峡台网地震目录》

此次地震震中烈度Ⅶ度,震源深度9公里,等震线长轴北西西向。

Ⅶ度区:在郧西、郧县两县交界处木瓜园一带,人们听到巨响,觉得天旋地转,有的被摔倒在地,惊恐万状。二、三类民房土墙掉块,出现裂缝,部分房屋山尖震落,檐檩下滑。掉瓦现象普遍,有的甚至全部掉光。砖木结构的房屋,其灰胶檐瓦及屋脊有零星跌落,个别门楼装饰物跌损。木瓜园、玉皇庙、李家沟和郧西县的元门、太阳坡岩崩石坠普遍,捣毁了梯田坎和庄稼地。木瓜园何茨梁子山脊裂缝宽0.2米,长80米。双坪沟梯田裂缝,宽0.1～0.2米,深3米,长6～9米。尚家沟丁家明堂有一古墓碑拔榫向南倾倒,其外围墙亦同向倾倒。白水泉,地震时冒出黄泥沙水,类似山洪暴发,导致河水浑浊。范家坪、两沟口、陈家河等地的泉眼也冒黄沙水,还有新增泉眼,流量增加,形成小型泥流。

Ⅵ度区:郧西何家井、龙王庙沟、周家湾、安家河和陕西照川等地,人们站立不稳,惊慌外逃。民房掉瓦约占50%,个别呈天窗状。砖墙抹面裂缝,土墙掉块,有的倾斜或房山尖坍落,个别老旧土墙倾倒,砖砌烟囱震裂或倒塌。岩崩石坠,田地受损。郧县大堰公社翻山堰滑坡的规模较大。大柳公社化尹片有一石碑被震倒。

Ⅴ度区:宋家湾、南化、白桑关、郧西县城、观音和陕西照川等地,午睡的人从梦中惊醒,惊逃户外,房屋摇摆作响,个别房檐掉瓦,屋架拔榫、屋梁震裂。城关有320间房屋出现裂缝。郧西县城关,城南受损重于城北。城南掉瓦普遍,烟囱震裂,单砖墙、花墙倒塌,室内外的人交互惊窜,恐吓一团。

有感范围:东南至光化县,北至陕西商南县,南达均县武当山山

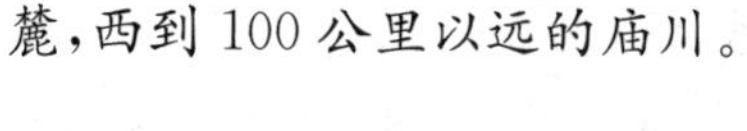

麓，西到 100 公里以远的庙川。

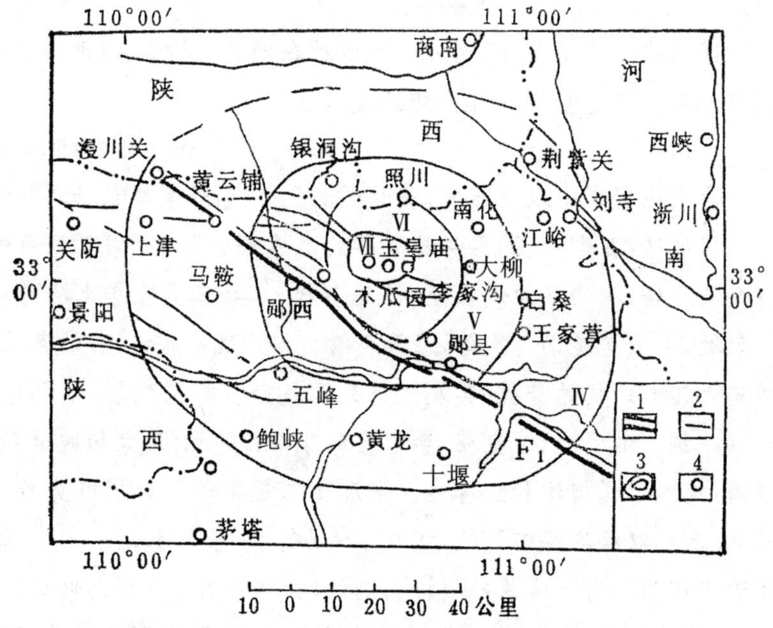

1. 主要断裂 2. 一般断裂 3. 等烈度线 4. 居民点 F_1 两郧断裂

1964 年 9 月 5 日郧县 4.9 级地震等震线图

地震地质条件：震中区位于南秦岭印支褶皱带赵川隆起西南缘、南化复向斜轴部附近；震中区以北东、北西向褶皱和断层组成的折线状断块构造为特点。这次地震，可能与该断裂活动有关。

《1964 年 9 月 5 日湖北两郧地震调查报告》，1965 年

公元 1964 年 9 月 7 日 14 时 37 分 33 秒

郧西何家井东南

1964 年 9 月 7 日 14 时 37 分 33 秒在郧西何家井东南（北纬 33°05′、东经 110°36′）发生 Ms＝2.9 级地震。

《长办三峡台网地震目录》

公元 1964 年 9 月 22 日 01 时 25 分 22 秒

荆门子陵铺南

1964 年 9 月 22 日 01 时 25 分 22 秒在荆门子陵铺南(北纬31°07′、东经 112°13′)发生 Ms=2.6 级地震。

《长办三峡台网地震目录》

公元 1964 年 11 月 5 日 02 时 57 分 43 秒

郧西安家河东南

1964 年 11 月 5 日 02 时 57 分 43 秒在郧西安家河东南(北纬 33°00′、东经 110°33′)发生 Ms=2.9 级地震。

《长办三峡台网地震目录》

公元 1965 年 6 月 3 日 17 时 09 分 39 秒

襄阳张湾镇东南

1965 年 6 月 3 日 17 时 09 分 39 秒在襄阳张湾镇东南(北纬 32°04′、东经 112°12′)发生 Ms=2.5 级地震。

《长办三峡台网地震目录》

公元 1965 年 6 月 26 日 00 时 38 分 46 秒

荆门仙居公社(今东宝区仙居乡)东

1965 年 6 月 26 日 00 时 38 分 46 秒在荆门仙居公社东(北纬 31°25′、东经 112°04′)发生 Ms=3.1 级地震。

《长办三峡台网地震目录》

公元1965年9月28日19时40分46秒

利川纳水溪东南

1965年9月28日19时40分46秒在利川纳水溪东南(北纬30°04′、东经108°56′)发生Ms=3.3级地震。

《长办三峡台网地震目录》

公元1965年9月29日07时40分09秒

利川纳水溪南

1965年9月29日07时40分09秒在利川纳水溪南(北纬30°05′、东经108°52′)发生Ms=3.0级地震。

《长办三峡台网地震目录》

公元1966年4月18日08时47分15秒

江陵岑河口东

1966年4月18日08时47分15秒在江陵岑河口东(北纬30°16′、东经112°29′)发生Ms=2.9级地震。

《长办三峡台网地震目录》

公元1967年8月3日07时48分44秒

利川县城西南

1967年8月3日07时48分44秒在利川县城西南(北纬30°17′、东经108°49′)发生Ms=3.4级地震。

《长办三峡台网地震目录》

公元 1968 年 1 月 7 日 08 时 02 分 15 秒

钟祥罗汉寺西

1968 年 1 月 7 日 08 时 02 分 15 秒在钟祥罗汉寺西(北纬 31°00′、东经 112°34′)发生 Ms=2.8 级地震。

《长办三峡台网地震目录》

公元 1969 年 1 月 2 日 09 时 45 分 03 秒

保康马良坪东南

1969 年 1 月 2 日 09 时 45 分 03 秒在保康马良坪东南 10 公里(北纬 31°29′、东经 111°24′)发生 Ms=4.8 级地震。

《长办三峡台网地震目录》

此次地震震中烈度Ⅵ度,震源深度 14 公里,极震区等震线呈不规则的三角形。

Ⅵ度区:面积 474 平方公里,在此区内,人们听到雷鸣声,感到地动山摇,房屋欲倒,惊慌外逃。区内个别房屋倒塌。山石崩落,一、二类房屋墙裂缝,普遍掉瓦、滑瓦。马良区张家湾有两间二类房屋被震塌,南漳薛坪区秦坪公社白家垭一土墙厕所被震倒。保康朱砂公社卫生院新建 6 间土墙楼房被震裂,裂缝较大者有 8 条。马良区重阳公社有两垛新筑的土墙,一垛被震倒,另一垛被震裂。歇马区庙平公社有一家房屋搁板折断,屋顶出现"天窗",另一家垫梁木枕被震落。马良区五虎公社东北 2 公里有一石灰岩的陡崖滚落大石数十块,最大者直径 1 米以上,另有四五处滚石。远安县境内也出现数处滚石。

从Ⅵ度区向外烈度逐渐减弱为Ⅴ度、Ⅳ度,东部、南部衰减较慢,顺此方向,在Ⅳ度等震线以外又出现三个Ⅴ度区、两个Ⅳ度区。

Ⅴ度区:有地声,震动较大,全部人有感并惊逃户外,房屋有不同程度的损坏。

1. 宜城雷家河Ⅴ度区,面积 36 平方公里,长轴北西西向,房屋破坏较重。雷家河收入所一房子，镶嵌在柱子凹槽里的18根横条，其中垫有木塞的13根被震离原位，偏移3～6厘米，或8～10厘米。此外，还有墙壁山尖处掉砖，屋顶滑瓦形成“天窗”，墙壁开裂或旧缝加宽等。

2. 荆门石桥驿Ⅴ度区，面积77平方公里，长轴北西向，房屋大量掉土、掉灰、掉砖，墙壁开裂。石桥驿公路道班房子脊梁上的压瓦砖被震落，掉瓦数十片。段集镇新建土砖墙壁与门框交接缝被震裂错移。

3. 钟祥城关、皇庄Ⅴ度区，面积782平方公里，长轴北北西向，房屋有轻微破坏。城关镇第三小学的一间砖搁梁的二类房屋，墙壁搁梁

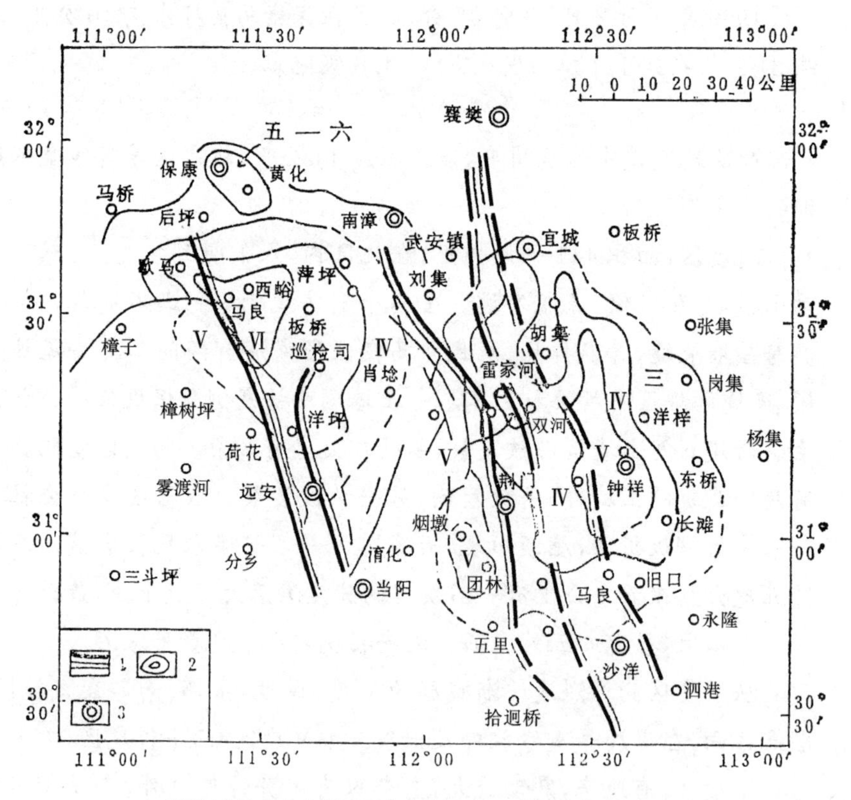

1. 断裂(参见书末中强震震中分布图) 2. 等烈度线 3. 居民点

1969年1月2日保康4.8级地震等震线图

承重部位被震裂8处。皇庄粮油管理所的一间砖搁梁的二类房屋，墙壁裂缝长3.8米，宽1厘米，类似情况尚有10处以上。

Ⅳ度区：荆门烟墩Ⅳ度区和钟祥城关、皇庄Ⅴ度区外围的Ⅳ度区。

1. 荆门烟墩Ⅳ度区，面积188平方公里，长轴北北西向。地表振动显著，房屋大量掉灰、掉土，车轿800多修堤的民工全部感到地震。

2. 钟祥Ⅳ度区，面积较大，房屋掉灰、掉土，大部分人有感。

地震特征：(1)无前震，震后感到有余震，其中2月10日的余震，有地声。(2)地震前兆保康震中区反应不明显，钟祥县境内有一密封钢管抽水井，震前两天水发浑，鼠、鸡、鸭、猪等动物有异常。(3)保康、钟祥处于同一大地构造单元，即鄂中断块上，其北北西向几条平行的活动断裂与两等震线长轴方向大体一致。但从等震线的分布看，似为同时震的两个震中区。(4)从仪器记录资料分析，只有一个保康地震，但钟祥五度区距震中100多公里，宜城雷家河Ⅴ度区、荆门石桥驿Ⅴ度区、烟墩Ⅳ度区距震中亦各为80多公里，而且都处在保康震区Ⅳ度(Ⅲ度)等震线以外。这样的烈度异常，实属罕见。其地震地质条件如何？尚待深入研究。

《一九六九年元月二日钟祥、保康地震宏观调查初步报告》，1969年

公元1969年6月8日09时00分04秒

郧县(今十堰市郧阳区)南化

1969年6月8日09时00分04秒在郧县南化(北纬33°08′、东经110°59′)发生Ms=2.9级地震。

《长办三峡台网地震目录》

公元1969年10月19日08时05分53秒

江陵马山北

1969 年 10 月 19 日 08 时 05 分 53 秒在江陵马山北(北纬 30°32′、东经 112°02′)发生 Ms=2.5 级地震。

《长办三峡台网地震目录》

公元 1970 年 10 月 14 日 20 时 57 分 38 秒

钟祥皇庄西

1970 年 10 月 14 日 20 时 57 分 38 秒在钟祥皇庄西(北纬 31°12′、东经 112°32′)发生 Ms=4.0 级地震,震源深度 15 公里。

《长办三峡台网地震目录》

公元 1971 年 2 月 27 日 13 时 08 分

十堰东南

1971 年 2 月 27 日 13 时 08 分在十堰东南(北纬 32°30′、东经 110°48′)发生 Ms=2.6 级地震。

《长办三峡台网地震目录》

公元 1971 年 6 月 17 日 10 时 17 分 02 秒

远安瓦仓北

1971 年 6 月 17 日 10 时 17 分 02 秒在远安瓦仓北(北纬 31°06′、东经 111°47′)发生 Ms=3.2 级地震。

《长办三峡台网地震目录》

此次地震震中烈度Ⅴ度,震源深度 12 公里,等震线长轴北北西向。

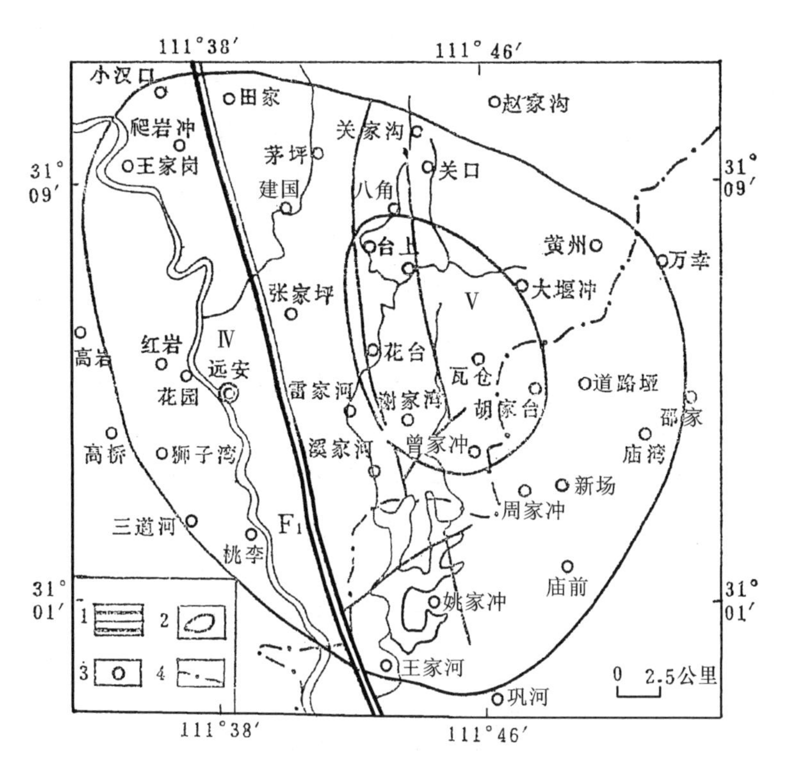

1.断裂 2.等烈度线 3.居民点 4.县界 F_1:远安断裂

1971年6月17日远安3.2级地震等震线图

Ⅴ度区:包括八角公社的八角、金斗、花台、银子、两河、瓦仓等大队和当阳县庙前公社马槽大队,面积约78.6平方公里。室内人普遍有感,惊逃户外;横店中学有的学生跳窗而出。有闷雷声,门窗震动,悬挂物摇摆,桌上器皿移动。花台大队有一家桌上茶杯震落。房屋普遍掉灰、掉瓦,两河大队躬仙岩有一家掉瓦较多。还有电杆摇晃、水起波浪、鱼跃水面等现象。

Ⅳ度区:包括花林公社东南部的慈化、桃李大队,高楼公社的红岩、灯塔。大队,白鹤公社的观西大队,茅坪公社的建国、钢铁、汤家大队,林璋公社的黄柏、青龙大队以及花园、八角两公社的全部地区,还有当阳县的巩河、陈院、庙前三公社的部分地区,面积约460平方公里。室内绝大多数人有感,个别惊逃户外。房屋掉灰,个别掉瓦。

有感范围:东到漳河附近,西到宜昌天马公社,南到当阳城关,北至远安县黄竹、老君公社,波及面积约 1 200 平方公里。

有感范围以外,震中向东 80 多公里的钟祥皇庄形成了另一个极震区。包括城关、皇庄、林集、长城、九里、文集、陈集、南湖、东湖、襄东、花岭等地。房屋、门窗作响,大多数人有感。

钟祥县其他地区无震感,荆门县马良镇亦无感。

地震特征:(1)震前微震甚少,属孤立零星小震。(2)地震前兆反应不明显。(3)震区离远安断裂较远,但震区内与远安断裂平行的北北西向断裂较为发育,这次地震的发生,可能与这些断裂的新活动有关。(4)震中区以东 80 多公里的钟祥出现显著的烈度异常,在地震地质方面作何解释,有待今后进一步研究。

《1971 年 6 月 17 日远安地震宏观调查概况》,1971 年

《7 月 14 日远安地震在钟祥地区影响情况汇报》,1971 年

公元 1971 年 7 月 14 日 04 时 33 分 06 秒

远安瓦仓

1971 年 7 月 14 日 04 时 33 分 06 秒在远安瓦仓(北纬 31°05′、东经 111°47′)发生 Ms=3.1 级地震。

《长办三峡台网地震目录》

此次地震震中烈度Ⅴ度,震源深度 12 公里,震中区长轴为北北西向。

Ⅴ度区:其范围与 6 月 17 日地震Ⅴ度区基本相同,仅东南角稍有扩大,总面积约为 120 平方公里。地震有声如闷雷,全部人有感,有的从熟睡中惊醒,某工地有一女职工摔跌床下,当即休克。屋架、门窗震动作响,桌上器皿移动,老观大队有一家桌上一叠碗最上面的一个坠地跌碎。房屋普遍掉灰土、掉瓦,老观大队供销社的隔墙原有裂缝加宽。

Ⅳ度区:其面积较6月17日地震Ⅳ度区稍有扩大,总面积约480平方公里。少数人从熟睡中惊醒,闻闷雷声和屋架门窗震动声。老旧的房子掉灰土。

有感范围:东到漳河附近,西至宜昌天马公社,南到当阳城关,北至远安县黄竹、老君公社,波及面积约1 200平方公里。

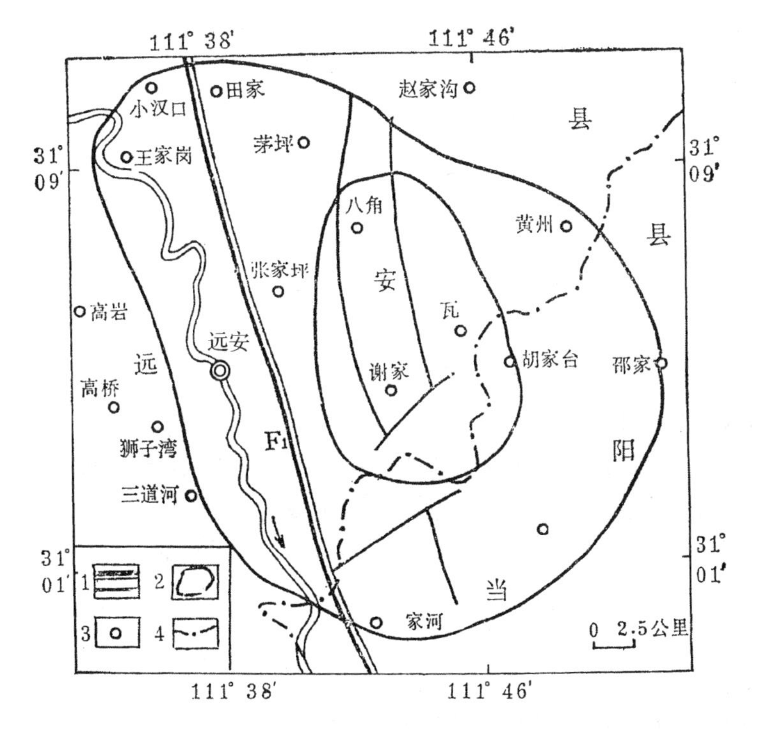

1. 断裂 2. 等震线 3. 居民点 4. 县界 F_1:远安断裂

1971年7月14日远安3.1级地震等震线图

有感范围以外,震中向东80多公里的钟祥城关、皇庄又出现了另一较强震动区。这次震动,较6月17日稍强烈一些,有感范围也稍大一些。

钟祥有感区:包括钟祥城关、皇庄、林集、长城、九里、文集、陈集、南湖、东湖、襄东、花岭等。有人从梦中惊醒,听到房架、门窗、屋瓦作响。南湖供销社高架柜子里的碗碰撞有声。东湖公社墙上悬挂物摇摆。文集中学厨房的油灯被震熄。

此外,洋梓区的直河、官庄公社,柴湖区的柴湖、红旗公社,旧口区的迎峰公社等地,个别人有感。

钟祥县其他地区、荆门县马良镇均无感。

地震特征:(1)6月17日远安3.2级地震之后有两次小震,接着发生这次地震,8月又有9次小震。(2)土仪器有异常,少数动物有明显反应。(3)上次3.2级地震,钟祥有感影响小一些,这次3.1级地震,钟祥有感影响反而大一些,何故?也需进一步研究。

《1971年7月14日远安地震宏观调查概况》,1971年

《7月14日远安地震在钟祥地区影响情况汇报》,1971年

公元1971年10月18日14时18分37秒

谷城黄畈西南

1971年10月18日14时18分37秒在谷城黄畈西南(北纬32°07′、东经111°40′)发生Ms=2.6级地震。

《长办三峡台网地震目录》

公元1971年10月20日07时19分12秒

谷城黄畈西南

1971年10月20日07时19分12秒在谷城黄畈西南(北纬32°07′、东经111°39′)发生Ms=3.0级地震。

《长办三峡台网地震目录》

此次地震震中烈度Ⅴ度,震源深度3.1公里,震中区等震线长轴近东西向。

Ⅴ度区:在戚家湾周围面积约0.7平方公里,旧房多掉瓦,墙壁有裂缝,旧的裂缝有加宽,田埂也有裂纹,山坡浮石滚落,大的重数百斤。

Ⅳ度区:面积约25平方公里,形似椭圆,长轴6.5公里,短轴4公里。

有感范围:黄畈、郭峪、甘坪、古乐等四个公社的部分地区。

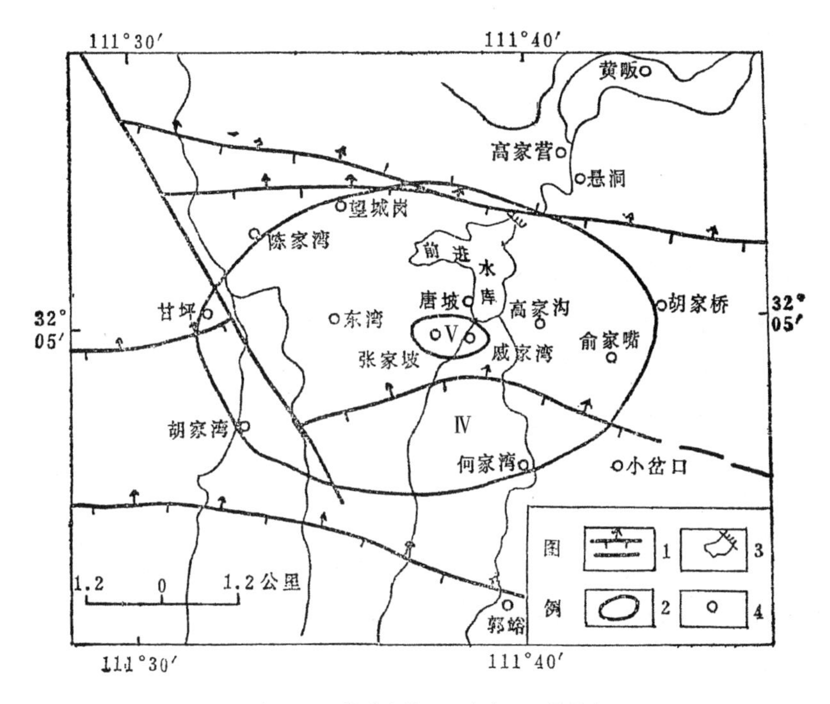

1. 断层 2. 等烈度线 3. 水库 4. 居民点

1971年10月20日谷城3.0级地震等震线图

发震条件:震中区位于前进水库南缘,地震的发生,与水库蓄水有紧密的联系。水库于1970年5月截流蓄水,到1971年9月底水位逐步升高至181米,此后连续降雨,五天中升高5米,10月5日开始溢洪,但水位继续上升,到10月8日,水位上升到186.3米,18日发生M_L=2.7级地震,20日发生M_L=3.6级地震,21日发生M_L=3.3级地震,11月9日,水位再次上升达186.4米时,11月14日发生M_L=2.5级地震,15日发生M_L=2.4级地震。当地居民反映:水库蓄水前,只在1948年感到地动一次,蓄水后,经常听到响声,间或感到地动。从10月18日至1972年1月2日的仪器记录,共记到地震700余次。其中:M_L=0.4~0.8级303次,M_L=0.9~1.3级218次,M_L=1.4~1.8级116次,M_L=1.9~2.3级7次,M_L=2.4~2.8级4次,M_L=3.3~3.6级2次。可见,谷城地震,与水库蓄水密切相关,在水库水位猛涨时,其相关性尤为突出。

《1971年10月20日谷城地震震害简况》,1971年
《1971年10月20日谷城地震资料分析》,1973年

公元1971年10月21日10时06分18秒

谷城黄畈西南

1971年10月21日10时06分18秒在谷城黄畈西南(北纬32°07′、东经111°40′)发生Ms=2.6级地震。

《长办三峡台网地震目录》

公元1971年12月14日14时47分23秒

远安县城东北

1971年12月14日14时47分23秒在远安县城东北(北纬31°08′、东经111°42′)发生Ms=2.8级地震。

《长办三峡台网地震目录》

公元1972年3月13日09时42分01秒

秭归周坪

1972年3月13日09时42分01秒在秭归周坪(北纬30°54′、东经110°48′)发生Ms=3.3级地震。

《长办三峡台网地震目录》

此次地震震中烈度Ⅴ度,震源深度8公里,震中区长轴呈北北

西向。

Ⅴ度区:包括群力区平和公社的新华、李家堡、花台、白云山,周坪公社的仙女、红旗、红光、五峪、红星,峡口公社的峡口,芝兰公社的共同、合心、群德,群力公社的群升(槐树坪)、群丰、群意、群力,界垭公社的叶山等大队。面积约91平方公里,呈不规则状的椭圆,长轴14公里,短轴9公里。此区室内外人们普遍有感,房屋、门窗、碗柜等作响,土墙掉土,屋上掉瓦,墙上悬挂物震落,吊灯摇晃,人们惊逃屋外,有"闷雷声"。周坪粮管所仓库堆上的豆饼有的被震落。五峪附近的陡岩多处滚石。群力公社周家湾有一家屋瓦下落,屋檐板接头处震脱数厘米,东墙原裂缝加宽成危墙。槐树坪有一家挂在楼板条钉上两个簸箕被震落、灯泡丝被震断。峡口公社农具站土墙裂缝。

Ⅳ度区:包括群力区平和公社的新民、新合、崔家坪,峡石冲峡口公社的长和、贺坪、联兴、联云、长岭、金凤、双合,芝兰公社的先锋、民主、民建、群联,石柱公社的前进、曙光,群力公社的兴合、群志,界垭公社的界垭、青山、沿江、长江、青龙、桂垭,杨林区杨林公社的新合、新胜,郭家坝区郭家坝公社的王家岭、顺星、燎原、中心、龙凤,文化公社的金溪、文家岩,香溪区上孝公社的西陵、西峡,龙江公社的宝坪、宝丰等38个大队。面积约120平方公里,长轴22公里,短轴19公里。该区大部分人有感,房梁、屋壁、板蓬、碗柜有不同程度的响声,掉土掉灰普遍,个别屋檐瓦片被震落和窗壁糊纸被震破。

Ⅲ度区:包括秭归城关,香溪区的新滩镇、龙江公社,郭家坝区的莲花、窑湾溪、郭家坝、熊家、文化、王龙公社,杨林区的杨林、三渡公社,群力区的石柱公社,茅坪区的兰陵、罗家公社的一部分。面积约454平方公里,长轴36公里,短轴28公里。该区少数人有感,个别人听到门窗响声与碗碰击声,有少量掉灰现象。

有感范围:东起茅坪区的罗家,西至郭家坝区的西坡,南起石柱公社的花桥,北至秭归城关,面积约717平方公里。

地震地质条件:震中区槐树坪、周坪、荒口坪一带,地当黄陵背斜

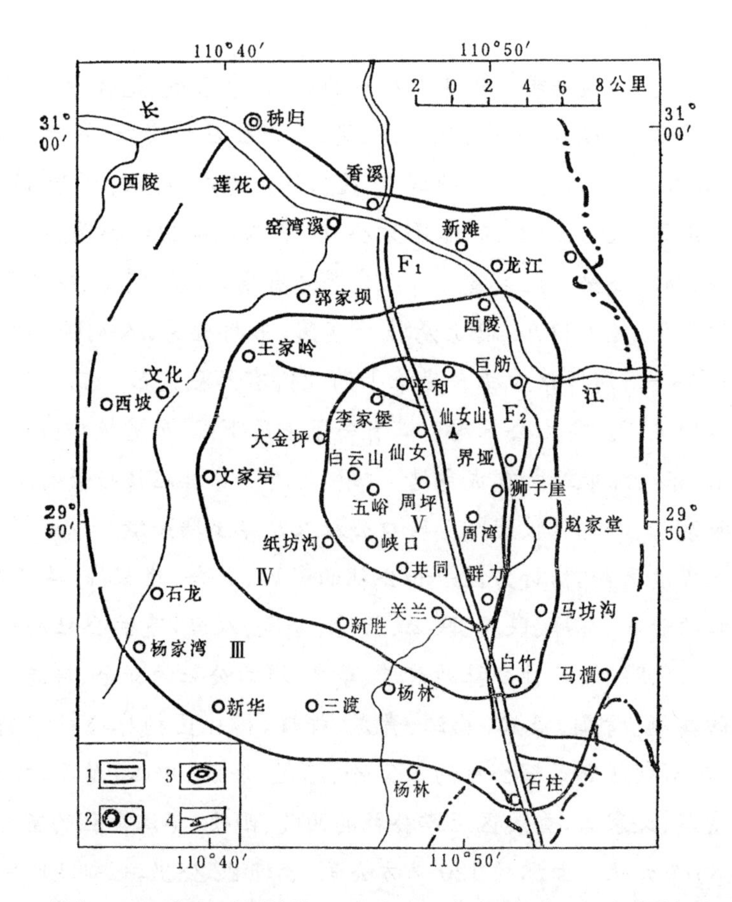

1.断裂 2.居民点 3.等烈度线 4.河流 F_1:仙女山断裂 F_2:九湾溪断裂

1972年3月13日秭归3.3级地震等震线图

西南边界之仙女山断裂。该断裂南起五峰渔洋关,经长阳都镇湾,至秭归境内,以北北西向延伸于石柱、槐树坪、周坪、荒口坪一线,断层面倾向西,具扭性,并在狗头寨附近与天阳坪断裂相交。仙女山断裂自燕山运动形成以来,经历了多次活动,近期仍有明显的活动迹象,主要表现为东盘南移、西盘北错的右旋走滑运动,致使断裂东西两侧地质结构和地貌景象有明显差异,断裂沿线地区又常有微震活动,说明仙女山断裂是一有孕震能力的活动性构造。这次地震震中正处于该断裂带上,震中区延伸方向及其烈度衰减规律又明显受该断裂控制。据此,这次地震可以认为是仙女山断裂新活动的结果。

《1972 年 3 月 13 日秭归 3.6 级地震情况调查》,1972 年

公元 1972 年 4 月 3 日 04 时 54 分 04 秒

光化(今老河口)林茂山

1972 年 4 月 3 日 04 时 54 分 04 秒在光化林茂山(北纬 32°35′、东经 111°40′)发生 Ms=3.5 级地震。

《长办三峡台网地震目录》

此次地震震中烈度Ⅴ度,震源深度 9 公里,等震线为北东 65°方向的椭圆。

Ⅴ度区:包括光化县的林茂山公社、玉山公社,均县的丹江镇、丹江公社,面积约为 200 平方公里,长轴约 20 公里,短轴约 10 公里。此区有50%～70%的人被震醒,有些人听到“闷震声”,土墙普遍掉土,房子床铺摇动,门窗嚓嚓作响,有的热水瓶被震倒,悬挂不牢之物被震落。林茂山公社华岗大队三队有社员用石头垒的狗圈被震塌。个别人反映头晕心慌,站立不稳。有一公社干部的房门被震开(未插栓)。有的挂在墙上的镜子被震落摔碎。

Ⅳ度区:包括光化县的赵岗、纪洪岗,河南省邓县彭桥公社西边的刘山、张岗、杏山、孔楼等大队,九重公社西南的部分大队,河南省陶岔引汉工程工地、董营水泥厂一带,均县的青山港、葫秋公社。此区有30%～50%的人有感,部分人从床上惊醒,感到床摇动,有的土墙掉灰掉土,房屋门窗家具轻微作响。河南省邓县董营大队有间房子墙洞塞了一个碗口大的石头,地震时震落床上。

Ⅲ度区:此区范围较大,从震中延伸至河南的香花公社、均县的凉水河区、光化县的洪山咀、均县的姚河一带。该区有少数群众有感,已起床的人或未睡熟的人感到房屋轻微摇动。

有感范围:东北至河南邓县的高集、彭桥公社,西南至均县的龙河

公社,西北至均县的凉水河公社,东南至光化县洪山咀,面积约 2000 平方公里。

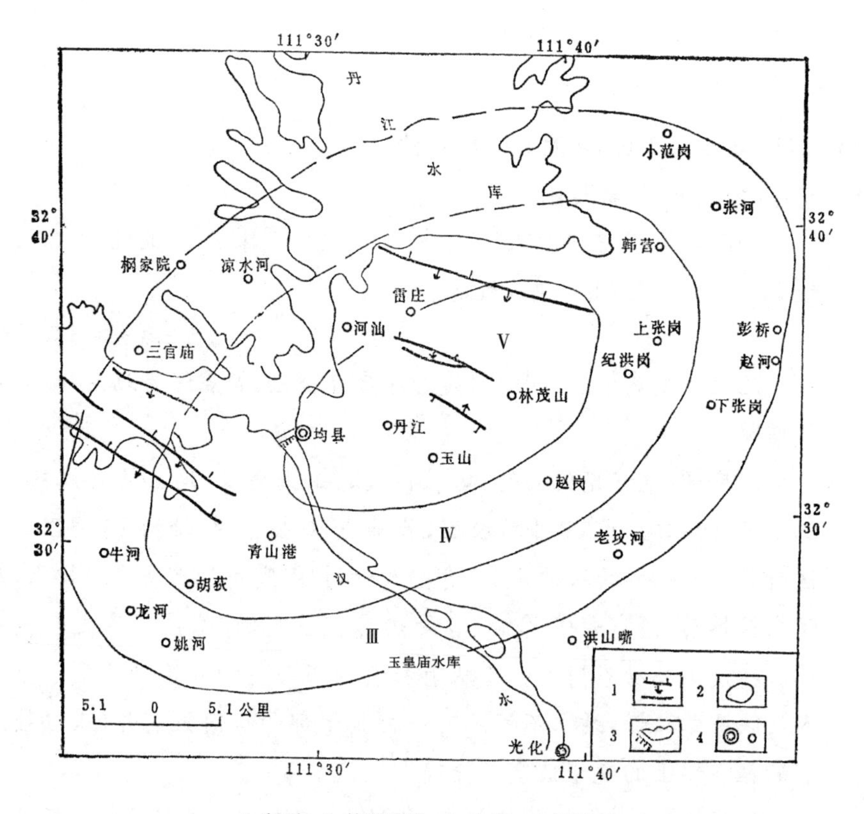

1. 断裂 2. 等烈度线 3. 水库 4. 居民点

1972 年 4 月 3 日光化 3.5 级地震等震线图

地震特征:(1)地震前后,在同一地区连续发生了 30 多次小震。(2)震中区位于北西西向上寺断裂和均郧断裂东延隐伏端之间,故推测此次地震可能与这两条断裂近期的活动性有密切关系。(3)等震线长轴呈北东 65°方向延伸,震中的东部衰减较快,西部衰减稍慢,这可能与不同岩层的接触界面和岩性不同有关,西部为古老的变质岩,东部为松散的第四纪沉积物。(4)这次地震离丹江大坝较近但与水库水位的对应关系不明显。

《1972 年 4 月 3 日光化县林茂山地震宏观调查小结》,1972 年

公元 1972 年 9 月 12 日 14 时 48 分 11 秒

广济县(今武穴)田镇东南

1972 年 9 月 12 日 14 时 48 分 11 秒在广济田镇东南(北纬29°54′、东经 115°27′)发生 Ms=4.0 级地震。

《长办三峡台网地震目录》

此次地震震中烈度Ⅴ度,震源深度 20 公里,等震线长轴近北西向。

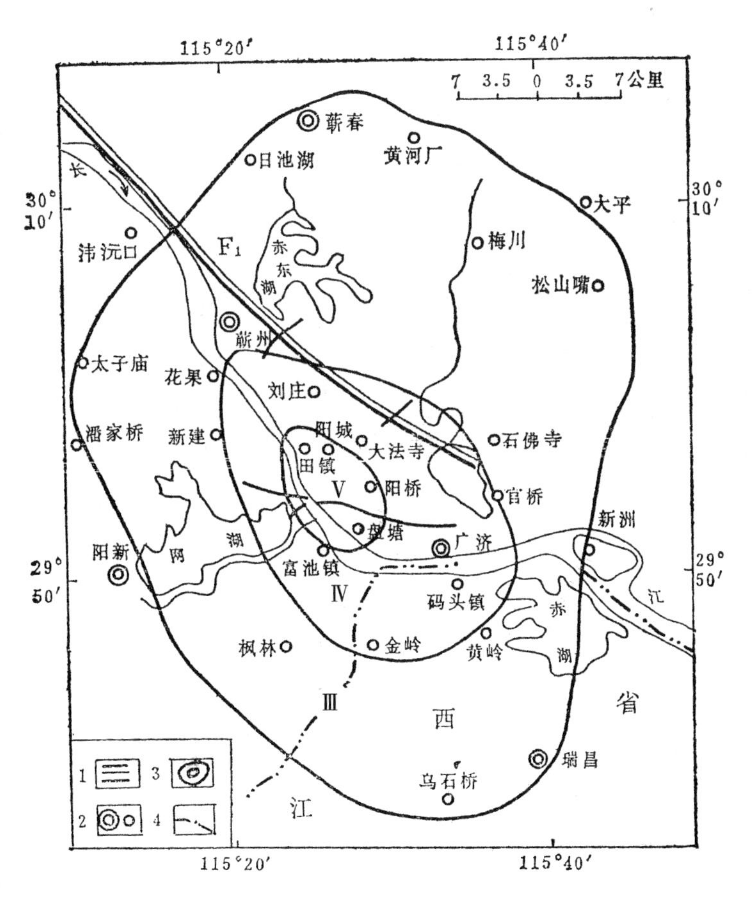

1. 主要断裂和一般断裂 2. 居民点 3. 等烈度线 4. 省界 F1:襄樊—广济断裂

1972 年 9 月 12 日广济 4.0 级地震等震线图

Ⅴ度区:室内人普遍感到房屋摇晃,家具震动,门窗作响,房屋大量掉灰土、滑瓦,树木摇摆,塘水起浪,个别人站立不稳,跌倒在地,局部地方有山石滚落。田镇公社有一家青砖瓦房前檐倒塌,墙壁旧裂缝加宽,另一家的青砖瓦房拱门裂开,还有一家新砌的青砖墙的砖头震裂,沿砖头之间的粉浆出现裂缝,墙变形向内鼓。睡午觉的人被惊醒,正在开会和上课的人拥挤外逃。杨桥公社有几十个民兵正在练习打靶,都感到全身震动,手抖动,无法瞄准。

Ⅳ度区:树木摇晃,人全部有感。田镇区黄家山和江西瑞昌码头公社有的房屋掉瓦。广济城关渔场,地震时鱼大量跃出水面。少数人见到地光,多数人听到地声。

有感范围:东起江西九江县城子镇,西至阳新太子庙,南起江西瑞昌乌石街,北至蕲春县城、广济百家园,面积3 000余平方公里。

地震特征:(1)这次地震与襄樊—广济大断裂东端的活动有关。(2)等震线长轴呈北西向,震中的北东部衰减快,南东部衰减慢,江西南昌市部分人有感。(3)震前两三天,江西瑞昌南阳公社发现鱼、鼠异常,码头公社井水突然浑浊。(4)黄梅、广济的"土地电"震前两三天有明显异常,黄梅地震台在震前(9月初)曾作过汇报。

《1972年9月12日广济地震调查报告》,1972年

《广济地震前兆情况总结》,1973年

公元1973年4月30日21时04分57秒

荆门张家场南

1973年4月30日21时04分57秒在荆门张家场南(北纬30°46′、东经112°08′)发生Ms=3.3级地震。

《1973年4月湖北省地震目录》

公元 1973 年 10 月 10 日 10 时 45 分 50 秒

荆门县城东南

1973 年 10 月 10 日 10 时 45 分 50 秒在荆门县城东南(北纬 30°57′、东经 112°32′)发生 Ms=3.9 级地震。

《1973 年 10 月湖北省地震目录》

此次地震震中烈度Ⅴ度,震源深度 15 公里,震中区等震线长轴呈北西向。

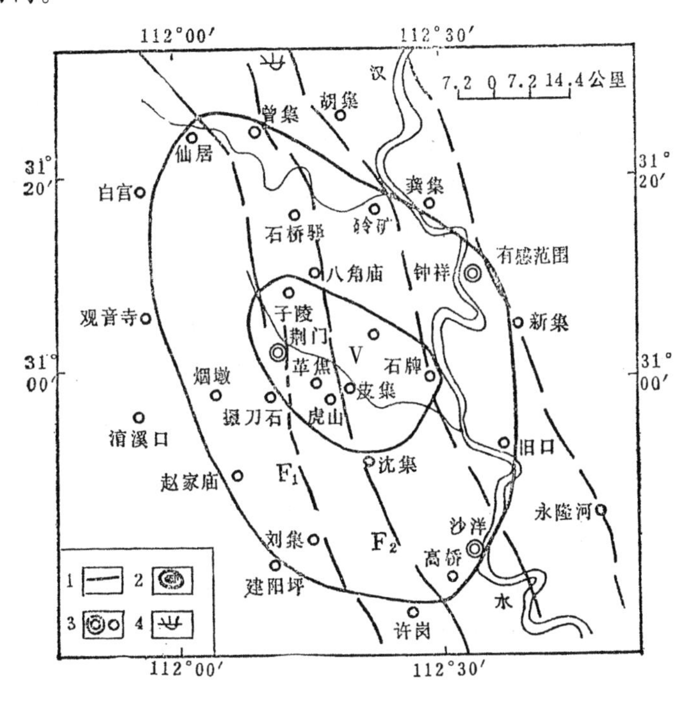

1. 断裂 2. 等烈度线 3. 居民点 4. 温泉

F_1:南漳—荆门断裂 F_2:武安—石桥断裂

1973 年 10 月 10 日荆门 3.9 级地震等震线图

Ⅴ度区:在荆门县城关、虎山和钟祥皮集一带,面积约 690 平方公里。此区全部人有感,普遍惊逃户外。荆门城关、皮集、革集一带,在室内开会和上课的人因惊逃拥挤,个别人跌倒被踩伤。室内悬挂物摇摆,门窗震动作响,搁置不稳的器皿、货物,从桌上、货架上震落损坏。

墙壁上大量掉灰土,局部滑瓦、掉瓦、墙裂。皮集公社47户中有93间房子的墙有不同程度的裂缝,破旧的民房有轻度损坏,未固结好的新房出现裂墙、倒墙和屋架脱榫等现象。虎山、皮集一带,山石滚落,塘水起浪,鱼跃水面,地震时如狂风驰过,树木、电杆摇摆不定,田里干活的人感到上下簸动,站立不稳,普遍听到"闷雷声"。

有感范围:东起钟祥城关、旧口,南到荆门许岗、建阳驿,西过漳河水库,北到钟祥磷矿镇、荆门仙居。面积约4 240平方公里。

地震特征:(1)此次地震震中介于南漳—荆门断裂与武安—石桥断裂南段之间,等震线长轴与断裂方向近乎一致,故认为此次地震的发生与该两断裂的活动有密切关系。(2)震区西北部为山区,中部为丘陵区,东南部为江汉平原,平原区汉水纵贯,湖泊遍布,水系发育,因土质地貌条件引起明显烈度异常。(3)震前,钟祥"土地磁"有异常,皮集公社老鼠搬家较多。

《1973年10月10日荆门—钟祥地震宏观调查概况》,1973年

公元1974年2月12日12时34分45秒

利川团堡寺东北

1974年2月12日12时34分45秒在利川团堡寺东北(北纬30°21′、东经109°10′)发生Ms=2.5级地震。

《1974年2月湖北省地震目录》

公元1974年2月12日14时01分00秒

恩施沐抚西

1974年2月12日14时01分00秒在恩施沐抚西(北纬30°26′、东经109°10′)发生Ms=2.9级地震。

《1974年2月湖北省地震目录》

公元1974年3月7日00时41分08秒

嘉鱼县城东

1974年3月7日00时41分08秒在嘉鱼县城东(北纬30°01′、东经114°02′)发生Ms=3.8级地震。震源深度12公里。

《1974年3月湖北省地震目录》

公元1974年3月7日02时28分13秒

嘉鱼县城东

1974年3月7日02时28分13秒在嘉鱼县城东(北纬30°01′、东经114°02′)发生Ms=3.9级地震。

《1974年3月湖北省地震目录》

此次地震震中烈度Ⅴ度,震源深度15公里,等震线呈椭圆形,长轴呈北东向。

Ⅴ度区:长轴41公里,短轴27公里,面积888平方公里。此区内,大多数人从睡梦中惊醒,有感三次以上,个别房屋掉瓦、掉砖、间墙裂缝,如幸福公社的下门嘴和绿岭铺粮店均有掉瓦现象,洪湖县燕窝公社有一高2米的正面墙上部掉下七口砖,珠砂桥中学教工宿舍间墙原有裂缝扩大并有新裂缝产生。群众普遍反映,地震时床铺颠摇,门窗震动,家具作响,有地声如闷雷。

Ⅳ度区:长轴70.6公里,短轴63.8公里,面积约3 536平方公里。此区内,少数人从睡梦中惊醒。蒲圻官塘镇约有三分之一的人惊醒,有感两次,房屋动,家具响,少数人听到地声。

有感范围:嘉鱼县全境、蒲圻县、咸宁县大部分地区、武昌县部分地区。

地震特征:(1)本区的主要断层有两条:嘉鱼—洪湖断层和嘉鱼—红星断层,两断层走向北东。3月7日两次地震的震中可能处在嘉鱼—红星断层上,而五度区等震线长轴方向又与上述两条断层走向一

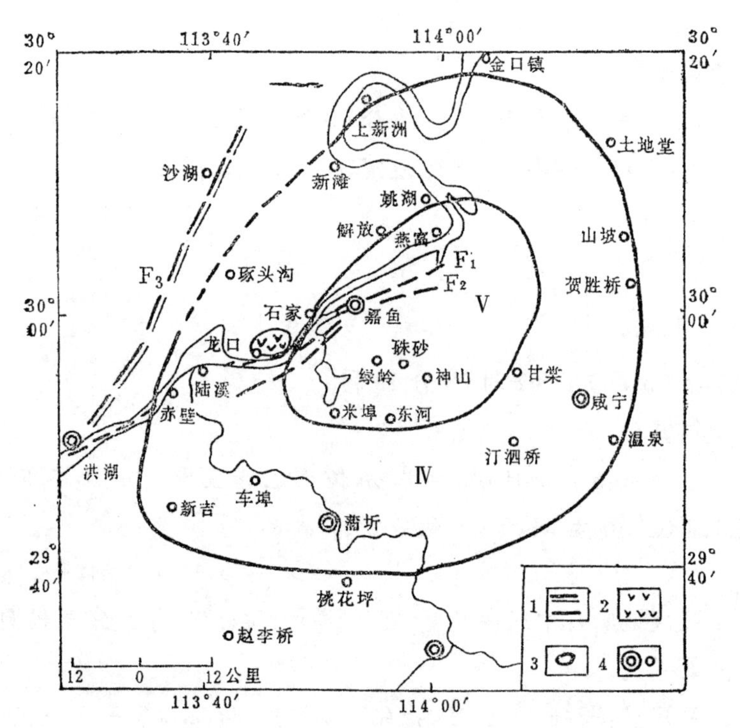

1. 断裂　2. 玄武岩　3. 等烈度线　4. 居民点

F_1:嘉鱼—洪湖断层　F_2:嘉鱼—红星断层　F_3:沙湖—湘阴断层

1974 年 3 月 7 日嘉鱼县 3.8 级和 3.9 级地震综合等震线图

致,因此,这两次地震发震与上述两条断层的活动有密切关系。(2)两次地震震级相近,时间相隔很短,余震延续时间较长,直至 5 月份仍有有感地震发生。(3)地震前兆不明显,只有少数动物行为异常和仪器记录异常。

《湖北嘉鱼县地震调查报告》,1974 年

公元 1974 年 7 月 4 日 12 时 55 分 35 秒

京山马河东南

1974 年 7 月 4 日 12 时 55 分 35 秒在京山县马河东南(北纬

31°10′、东经113°24′)发生Ms=2.5级地震。

《1974年7月湖北省地震目录》

公元1974年8月31日05时22分56秒

远安洋坪公社(今洋坪镇)双路

1974年8月31日05时22分56秒在远安县洋坪公社双路(北纬31°12′、东经111°33′)发生Ms=2.9级地震。

《1974年8月湖北省地震目录》

此次地震震中烈度Ⅴ度,等震线呈椭圆形,长轴走向北东30°。

Ⅴ度区:此区在洋坪公社所辖范围,如双路、任家岗、新华、陈家湾、郑家冲、泸溪湾、蔡家湾、游家河、裴家冲等九个大队。等震线长轴10公里,短轴4.5公里,面积32平方公里。大部分人睡中惊醒,卧床上下颠动,屋梁、门窗、楼板扯动及家具用品摆动作响,房上瓦梭动声较大,落灰落土、掉砖掉瓦现象普遍。双路的县办砖瓦厂,有一户卧室内搁在十六块半截砖垫上的木箱,地震时木箱翻落。杨家河小学教师办公桌上的墨水瓶被震倒,墨汁泼在桌上。郑家冲某户楼上收藏的南瓜滚动有声,另有一户的热水瓶被震跌碎。陈家湾小学教师的门窗自行转动。此外,在Ⅳ度区内尚有一异常点:

Ⅴ度异常点:龙泉公社全部有感,床摇动,屋瓦、楼板振动作响,掉灰掉土。公社附近有一水库,坝长56米,坝顶宽1.7米,地震时产生裂缝,缝深2尺,坝身下沉。

Ⅳ度区:包括洋坪、河口、黄竹、老君、白鹤、旧县、四马、茅坪、龙泉等公社所属地界,等震线长轴26公里,短轴19公里,面积350平方公里。室内人大部分有感,靠近高山陡崖的住户,听到两次轰响声,屋瓦门窗作响,器具振动有声,睡在床上的人感到颠动,房梁落灰,墙上掉土,偶有掉瓦现象。胡家岩生产队长家房上瓦梭动发出声响,茅坪公社、四马公社,大部分人听到地声、门窗响声,河口公社、老君公社,部分人感到左右摇晃,旧县公社大部分人有感。

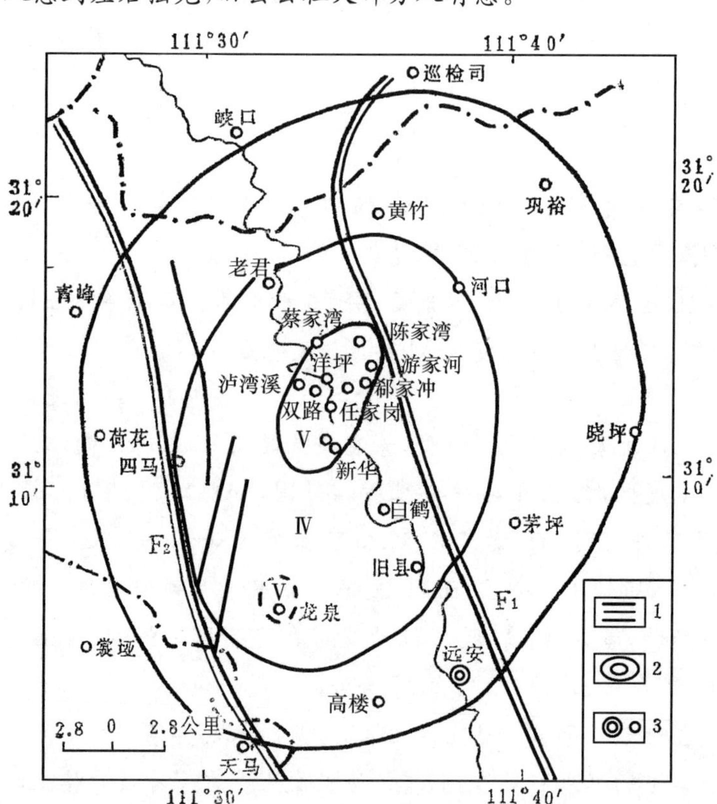

1.断裂 2.等烈度线 3.居民点 F_1:远安地堑东缘断裂 F_2:远安地堑西缘断裂

1974年8月31日远安2.9级地震等震线图

有感范围:东起骁坪公社,西至荷花公社,南自宜昌天马公社,北到南漳巡检公社,面积约1 100平方公里。

地震地质条件:远安断裂带,具有多期活动特征,挽近期仍有明显活动迹象。此次地震活动,不仅受北北西向的主要断裂的控制,从等震线长轴走向看,还不能排除北北东向断层伴生活动的可能性。

《1974年8月31日远安县洋坪公社双路3.3级地震调查报告》,1974年

公元1976年5月4日18时26分43秒

洪湖新堤南

1976年5月4日18时26分43秒在洪湖新堤南(北纬29°47′、东经113°30′)发生Ms=2.8级地震。

《1976年5月湖北省地震目录》

公元1977年7月7日22时47分28秒

谷城财庙东

1977年7月7日22时47分28秒在谷城县财庙东(北纬32°06′、东经111°17′)发生Ms=2.9级地震。

《1976年5月湖北省地震目录》

公元1977年7月20日17时09分16秒

郧西泥沟北

1977年7月20日17时09分16秒在郧西县泥沟北(北纬33°00′、东经109°55′)发生Ms=3.0级地震。

《1977年7月湖北省地震目录》

公元1977年8月3日22时50分26秒

大悟县城南

1977年8月3日22时50分26秒在大悟县城南(北纬31°30′、东经114°01′)发生Ms=3.0级地震。

《1977年8月湖北省地震目录》

公元1977年8月6日01时26分06秒

均县(今丹江口)县城北

1977年8月6日01时26分06秒在均县县城北(北纬32°39′、东经111°33′)发生Ms=3.8级地震。

《1977年8月湖北省地震目录》

此次地震震中在库区水域内,震中烈度不明,外围烈度Ⅴ度,震源深度9.6公里。

Ⅴ度区:北东到师岗、庙岗一带,南西端延伸到土关垭、陈家山以南,长60余公里,东面过赵岗、厚坡等地,西部大致在薛桥、华营一线,宽30余公里,呈椭圆形,面积在2 100平方公里以上。此区内,不少人从梦中惊醒,仓惶外逃,有爬窗跳楼造成身伤事故。丹江口水库大坝坝顶400吨门机主钩明显晃动,大坝左岸土石坝砼护坡裂缝处小砼块脱落,电厂厂房九号电闸自动跳开,安装在大坝上的强震仪被触动,最大幅值达78.01伽。黄庄公社院墙被震裂,最宽处达2.5毫米,贾家生产队的仓库墙壁部分被震塌,草房顶被震掉。张沟水库土坝出现裂缝、塌方和渗水,内乡的师岗、庙岗等地也有轻微破坏,西部党子口、凉水河等地,用石片(块)垒起的猪圈震后发生变形,次日倒塌。仓房公社张湾大队有一土墙厕所被震倒。薛桥等地房子动摇,餐具、家具摇晃碰撞有声,天池大队九胡庙的木梁被震落。香花、陶岔有的墙出现小裂缝,赵岗、林茂山、玉山、王岗厚坡等地房子摇晃,某些旧房有掉土、掉瓦、裂开等现象。

Ⅳ度区:北界超出西峡,南到甘坪、栗谷庙以南,东过邓县一线,西抵安阳口、远河口等地,长约160公里,宽50余公里,呈椭圆形,但因东部衰减较快,扁平率增大。总面积在8 000平方公里以上。此区内大部分群众有感,少数房子轻微摇晃。

有感范围:宜昌、兴山共10个以上县市有感,面积10 000余平方公里。

地震特征:(1)震级小,烈度高,有感范围广,丹江台网未记录到震

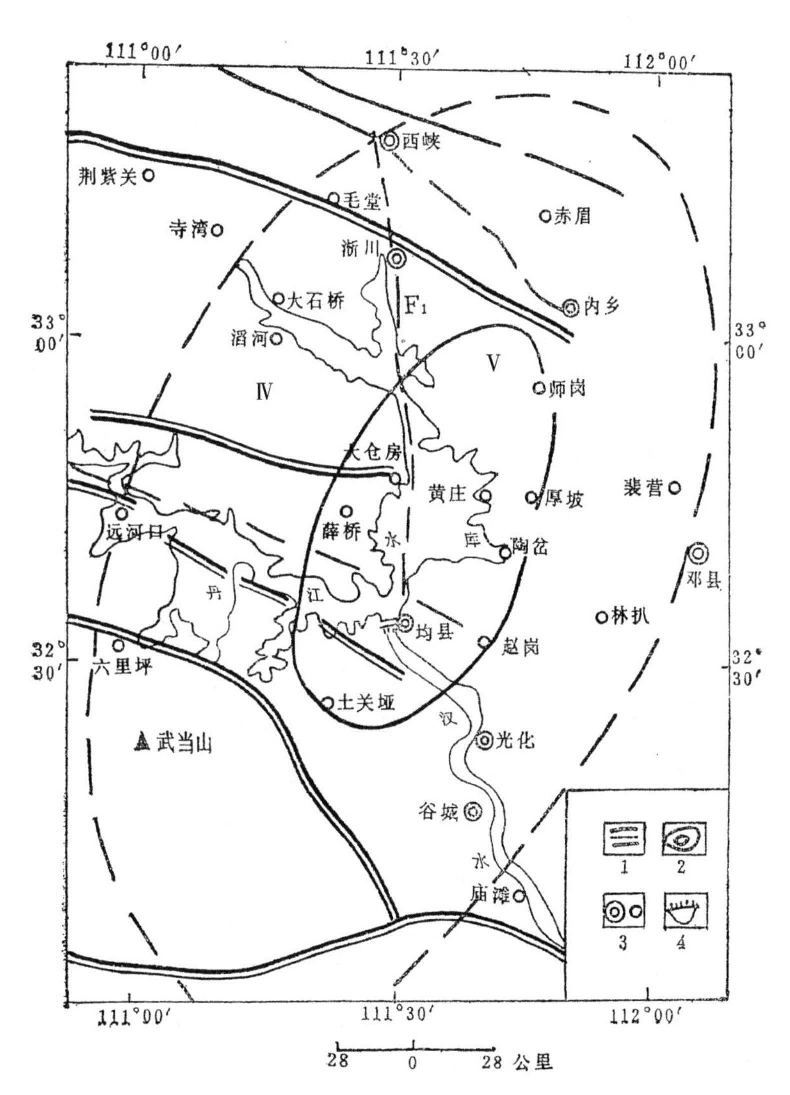

1. 断裂 2. 等烈度线 3. 居民点 4. 丹江水库 5. 丹江水库南北向破裂带

1977年8月6日均县3.8级地震等震线图

中区0.5级以上的前震和余震。(2)震前，震区地下水异常，出现红、蓝、淡黄色地光，发生巨响如闷雷，某些动物似有不安状态等。(3)此次地震的等震长轴方向近南北向，与以往历次地震等震线的展布方向均有所不同，可能反映近南北向破裂带的活动。(4)地震发生在库区水位急剧上升之后。地震前水位在140米以下达8个月之久,从当年7月中旬开始,汉水和丹江上游连续降雨,库水猛涨,半个月内上升8米多。水位陡然急剧上升,可能是此次地震发生的重要原因。

《丹江口水库区3.8级地震调查报告》,1977年

公元1979年5月22日06时46分58秒

秭归龙会观西北

1979年5月22日06时46分58秒在秭归龙会观西北(北纬31°06′、东经110°28′)发生Ms=5.1级地震。

《1979年5月湖北省地震目录》

此次地震震中烈度Ⅶ度,震源深度16公里,等震线长轴走向北东45°左右。

Ⅶ度区:东起秭归桑坪公社郑家湾,西邻巴东东瀼公社母猪河,南至秭归泄滩公社永兴,北接兴山高桥公社潭坑。长轴15公里,短轴6公里,面积约80平方公里。此区内,人们普遍感觉上下颠动强烈,惊逃户外,有人跌倒,有人受震晕倒,还有个别小孩从床上摔下。室内悬挂物摇摆,家具移动,热水瓶翻倒,橱窗内药瓶震倒或破损。树木、电杆无风摆动,田水溢出,水库涌浪高两尺。房屋土墙普遍裂缝、垮角、崩落、倾斜,个别倒塌。普遍掉瓦,楞瓦、抬梁折断,挑梁下坠,檩条脱榫,门窗变形,计有80%以上房屋受到不同程度的损坏和破坏,其中破坏严重不能住人的约40户,损坏严重的险房约500户,伤4人。牛棚猪圈破坏较为普遍,压死生猪2头。山石滚落较多,其中最大者重5吨有余,龙会观一带山石滚落损坏了梯田,砸坏渠道,压死林苗1 000多株,伤1人,死耕牛1头。还有个别古墓的碑顶被震落,庙前石阶震塌,烟囱震倒,拱桥老裂缝增宽,陡坡悬崖上部边缘土房开裂,裂缝最长的有170余米,最宽的有3米。龙会观陡崖西侧巴东金家大队千军坪地裂缝长42米,宽1厘米至3米多,最宽的有12米。

Ⅵ度区:与Ⅶ度区近乎同心分布。区内全部人有感,不少人惊逃户外。家具和悬挂物普遍摇摆,有挂钟停摆 2 例。陡岩上局部地方有裂缝。田水起浪,井水发浑,房屋墙壁开裂掉瓦也较多。

有感范围:东到宜昌,西及四川巫山,南至长阳县境,北达兴山北部,长轴 140 公里,短轴 120 公里,面积 12 000 平方公里。

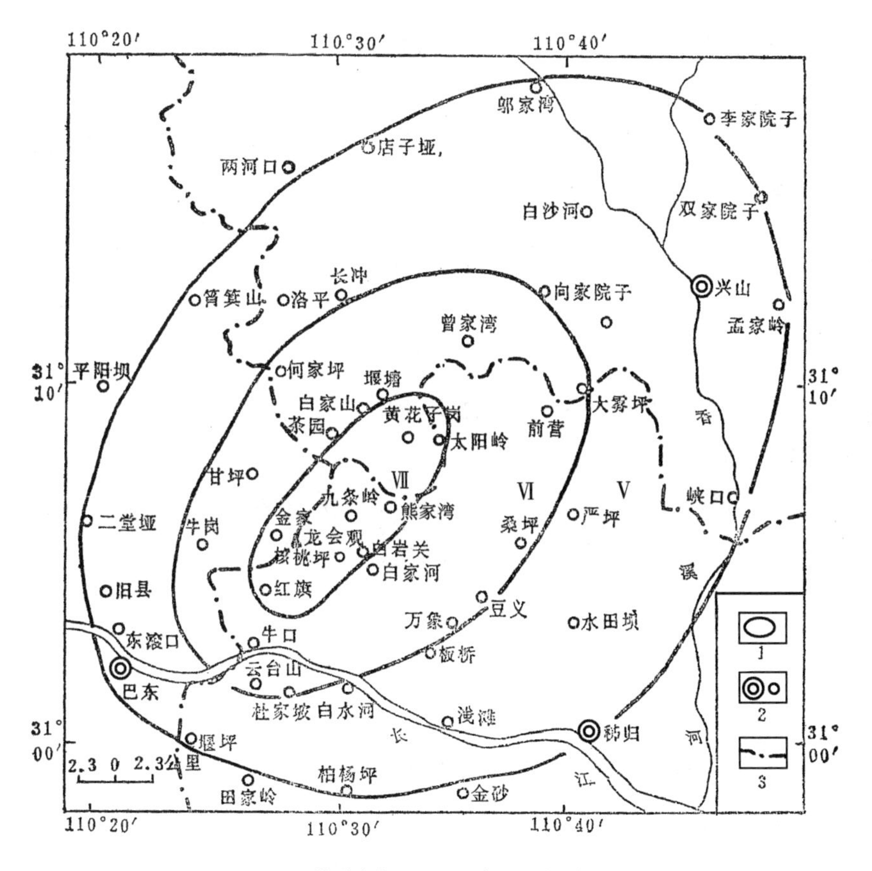

1. 等烈度线　2. 居民点　3. 县界

1979 年 5 月 22 日秭归龙会观西北 5.1 级地震等震线图

地震特征:(1)无明显前震和余震,属孤立型地震。(2)震前震区鼠、狗、羊、牛有异常反应,此外,蚂蚁搬家、乌鸦群飞、井水发浑等也有发现。(3)震区地质构造位置处于秭归向斜西缘,区内近南北向和东西向两组断裂,尚不能作为这次地震的发震构造。详情如何,有待今后进一步查明。

《秭归龙会观5.1级地震宏观调查报告》,1979年

公元1979年8月3日11时39分39秒

荆门姚河东南

1979年8月3日11时39分39秒在荆门姚河东南(北纬31°09′、东经112°03′)发生Ms=2.8级地震。

《1979年8月湖北省地震目录》

公元1980年7月15日00时40分28秒

枣阳熊集东

1980年7月15日00时40分28秒在枣阳熊集东(北纬31°55′、东经112°43′)发生Ms=2.5级地震。

《1980年7月湖北省地震目录》

公元1981年7月5日23时09分24秒

当阳峡口、三桥

1981年7月5日23时09分24秒在当阳县峡口、三桥(北纬30°53′、东经111°38′)发生Ms=3.8级地震。

《1981年7月湖北省地震目录》

此次地震震中烈度Ⅴ度,震源深度10公里,等震线呈椭圆形,长轴方向为北西330°。

Ⅴ度区:长轴10公里,短轴6公里,面积约47平方公里。此区内

人们感到强烈震动,惊恐而走,已熟睡者被震醒,有一小孩从床上簸到地上,有地光、地声。室内悬挂物摆动,家具移动,搁置不稳的器皿被震落,个别地区陡崖有山石滚落。民房多为抗震性能较好的砖瓦房,只有少量掉瓦、掉土、掉灰、窗玻璃震破和墙壁旧缝加宽等轻微损坏。

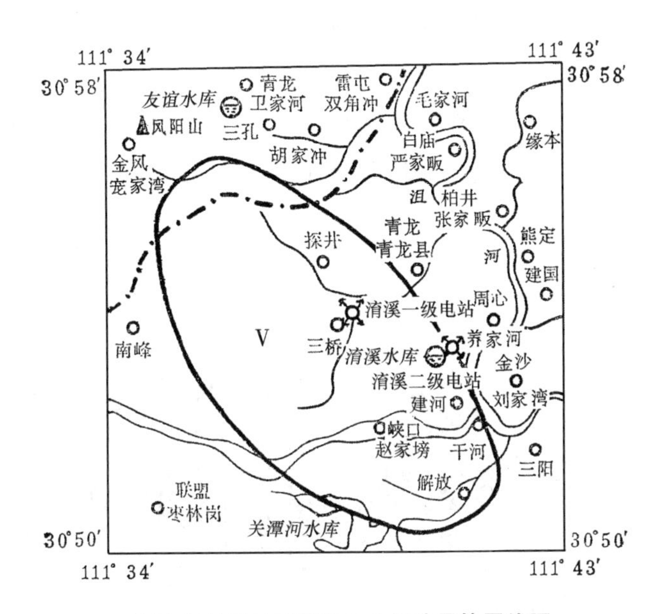

1981 年 7 月 5 日当阳 2.5 级地震等震线图

有感范围:东起钟祥城关,西至兴山和秭归杨林,南达宜都古老背,北抵保康清溪河,面积 13 000 平方公里。

地震特征:无明显的前震和余震。震前一二天,震区有鼠、鸡、狗、牛、猪、猫、鸽等动物异常 20 多起,井水干涸、变浑有 3 处。

《1981 年 7 月 5 日当阳峡口地震宏观考察报告》,1981 年

公元 1982 年 3 月 11 日 18 时 48 分 51 秒

郧西安家公社(今安家乡)松树沟

1982 年 3 月 11 日 18 时 48 分 51 秒在郧西安家公社松树沟(北纬

33°11′、东经 110°28′)发生 Ms=4.4 级地震。

《1982 年 3 月湖北省地震目录》

此次地震震中烈度Ⅵ度,震源深度 4 公里。

Ⅵ度区:东起瓜子岭,西至石床沟,南到柏树台,北抵西瓜子岭。等震线外形呈椭圆形,轴向北东 30°,长轴 4.5 公里,短轴 2.6 公里,面积 9 平方公里。地震时人们感到剧烈震动,个别静坐的人跌倒。房屋普遍掉瓦、落土,部分民舍墙体裂缝或错动,有的檩条脱落,烟囱震倒。山崩滑坡,形成崩石堆多处,其中五里河东岸松树沟口一处巨石堆的体积约 27 万立方米,如堤坝耸立于五里河上,形成近 10 万立方米的地震堰塞湖。

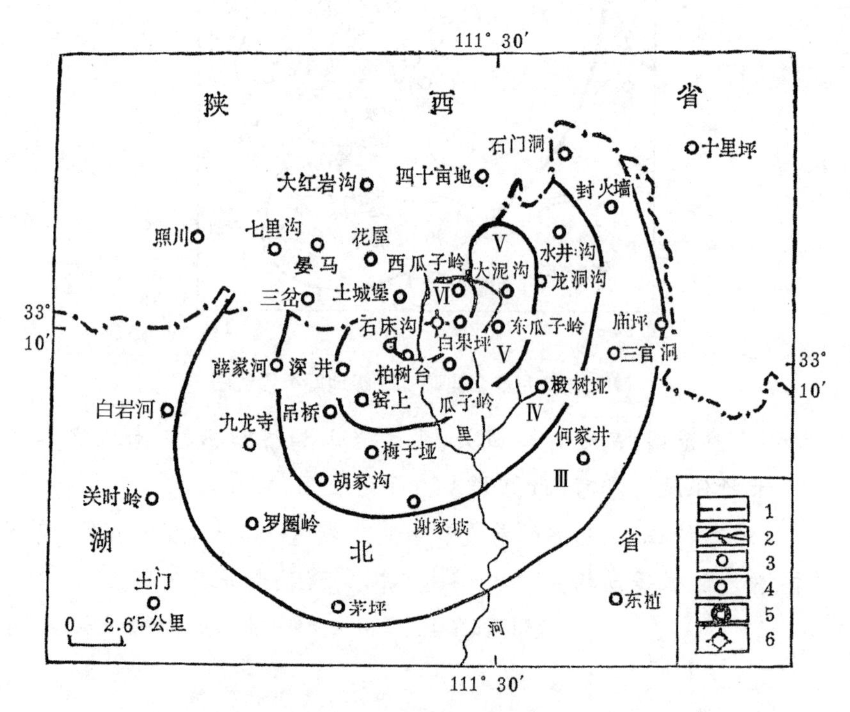

1.省界 2.河流 3.居民点 4.公社、大队、村 5.县 6.震中

1982 年 3 月 11 日郧西 4.4 级地震等震线图

Ⅴ度区:人们普遍有感,个别惊慌不定。房屋普遍落土,门窗、屋顶、屋架颤动发响,少数掉瓦,个别器皿翻倒。局部地段有小型岩崩、

滚石。

Ⅳ度区:室内人有感,室外少数人有感,门、窗作响,极少数房屋落瓦。

有感范围:东起庙坪,南至观音,西到白岩河,北达陕西山阳宽坪公社,面积约1 300平方公里。

地震特征:(1)无明显前震,属孤立型地震。(2)震源浅,震中烈度高,震中东北方向衰减快,西南方向衰减较慢。(3)宏观前兆不多,观音、南化和大柳等处的磁偏角于震前20天日均值变化明显。(4)地震地质条件,地震发生在"秦岭—大巴山地震亚区"的北部,其大地构造位置隶属于南秦岭印支地槽褶皱带,区内构造线基本呈北西西—南东东向延展,震中区正处在与构造线同方向排布的一个反"S"形褶皱带和北北东向一组破裂的交汇部位。

《湖北郧西安家公社松树沟地震考察报告》,1982年

公元1983年2月25日18时27分25秒

荆门罗集

1983年2月25日18时27分25秒在荆门罗集(北纬31°07′、东经112°01′)发生Ms=3.0级地震。

《1983年2月湖北省地震目录》

此次地震震中烈度Ⅳ度,等震线长轴略向北北西—南东东,面积207平方公里。

Ⅳ度区在荆门县城关至罗集一线,包括子陵、南桥、金山和牌楼等主要居民点。人们普遍听到闷雷声,较多的人有震感。门窗作响,屋顶落灰尘,电灯、纸灯笼等悬挂物明显晃动。在此区内还有数处烈度稍高的地点,如荆门城关有人惊跑户外,县机关办公室天花板上泥灰被震落约1平方米。又如罗集某部队在一小丘陵上瓦房落瓦数片等。

有感区:东起钟祥冷水铺,西至姚河之西,北抵盐池、集间,南达十

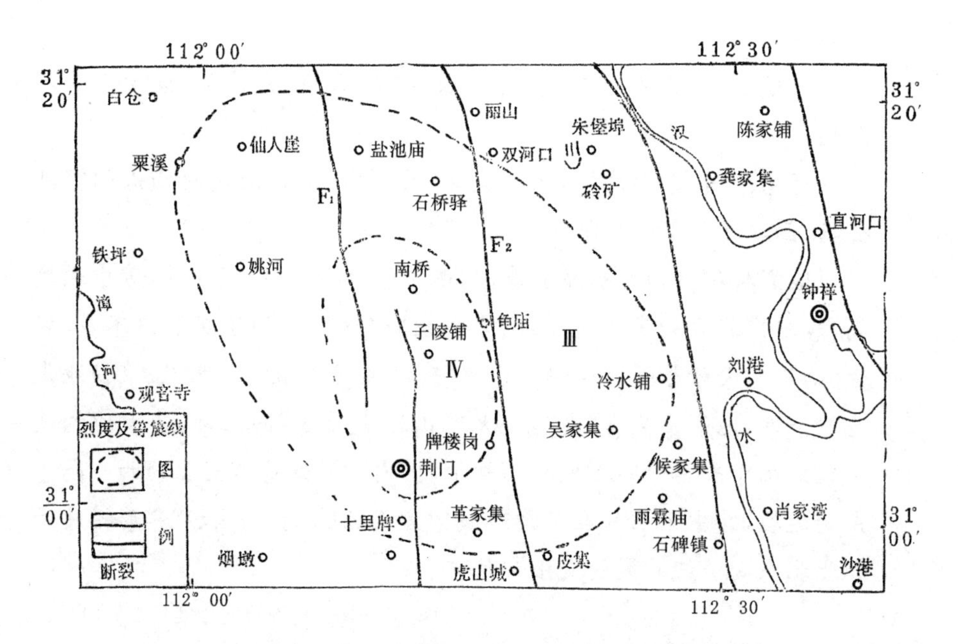

1983年2月25日荆门罗集3.0级地震等震线图

里牌，包括草集、仙女、东河、香河、双河、姚河、西河、金华、团坊、克明、永圣和大栗等。等震线长轴呈北西—南东向延伸的不规则椭圆，面积约1 356平方公里。在本区内，少数人有震感，听到闷雷声。室内器皿有轻微撞击声。

《湖北荆门罗集地震宏观调查报告》，1983年

公元1983年3月24日02时43分

当阳玉泉寺

1983年3月24日02时43分在当阳西南(北纬30°46′、东经111°56′)发生Ms＝2.8级地震。

《1983年2月湖北省地震目录》

此次地震，震中烈度Ⅲ度。震中区在玉泉寺管理区附近，等震线长轴为北北西向，长约1公里，宽0.7公里，面积约0.7平方公里。本

区内只有个别人从睡梦中惊醒,听到闷雷声,天花板震动声,感觉到地动。地震时,有小孩惊哭,鹿场的鹿惊鸣。地震前,老鼠白日活动增多,到处乱窜,震后恢复正常。

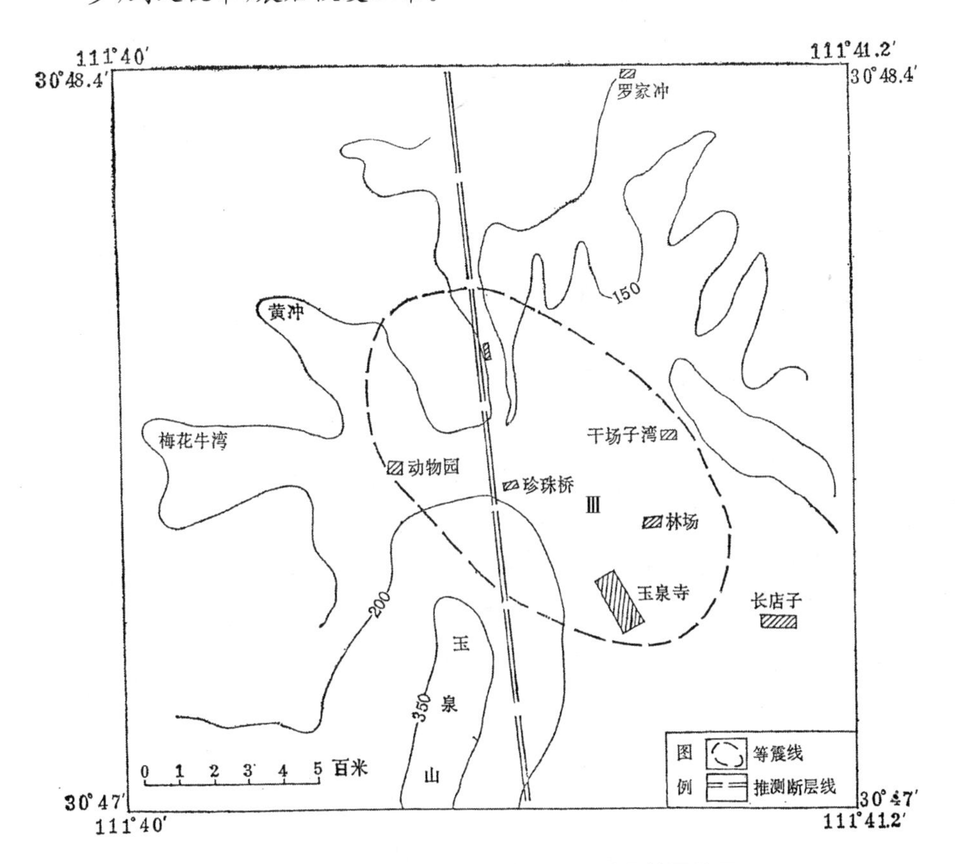

1983年3月24日当阳玉泉寺2.8级地震等震线图

《当阳县玉泉寺地震宏观调查报告》,1983年

公元1985年1月13日21时58分03秒

钟祥县城(今郢中)东南

1985年1月13日21时58分03秒在钟祥县城东南(北纬31°09′、

东经 112°38′)发生 Ms=3.1 级地震。

《1985 年 1 月湖北省地震目录》

此次地震震中烈度Ⅳ度。等震线长轴呈北北西向,外包线向东凸出,呈不规则的新月形。

Ⅳ度区:长轴 20 余公里,短轴 10 余公里,包括城关、盘石岭、大柴湖、罗汉寺、皇庄、磷矿、官庄湖等主要居民点。此区内有 50%~60%

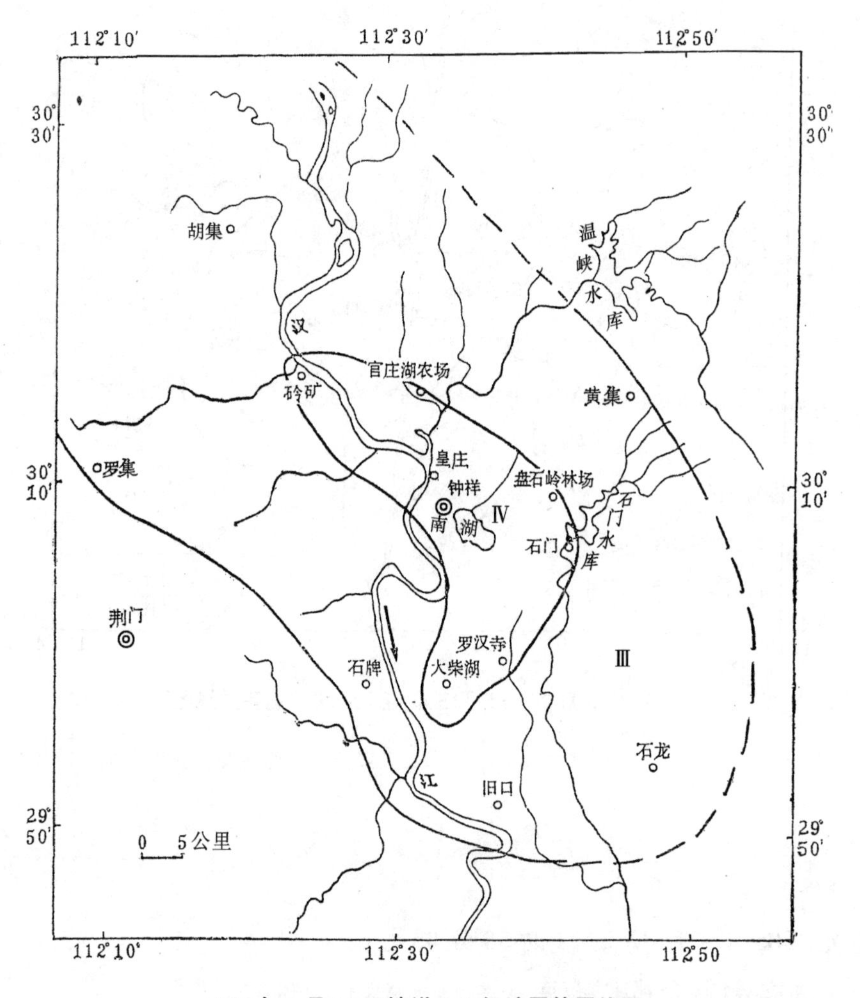

1985 年 1 月 13 日钟祥 3.1 级地震等震线图

的人有震感,并听到类似闷雷或载重汽车驶过的声响。个别人从睡梦中惊醒,有的惊逃户外。门窗、房顶、家具、器皿作响,悬挂物摆动,个别搁置不稳的物件倾翻,少数房屋有掉土掉灰现象。

有感区:西至荆门罗集,东南至京山县境,北达襄樊市(直线距离约110公里)。此区内除东部黄集一带振动稍强,反映有破旧民房落灰者外,其他仅感到轻微晃动。

此次地震发生之前,钟祥县第二中学地震观测组根据地应力、地电、地磁等三种仪器的观测数据分析,曾在1985年1月全省地震趋势会商会上提出过地震趋势意见,但会议未结束即发生地震。宏观前兆信息较少,仅有两处生猪有异常反应。13日下午5时多,690部队养猪场有8头猪乱窜乱跑,爬栏拱墙。13日晚9时许,柴湖区农科所有37头猪乱窜乱叫,骚动不已。

《1985年1月13日钟祥地震宏观考察报告》,1985年

公元1985年2月3日01时58分47秒

当阳玉泉寺

1985年2月3日01时58分47秒在当阳玉泉寺(北纬30°45′、东经111°51′)发生Ms=3.2级地震。

《1985年2月湖北省地震目录》

公元1985年9月14日12时08分

郧西关防东南

1985年9月14日12时08分在郧西关防东南(北纬33°04′、东经109°47′)发生Ms=2.9级地震。

《1985年9月湖北省地震目录》

此次地震震中烈度Ⅴ度,等震线长轴为北北东向,近椭圆形。

Ⅴ度区:长轴13公里,短轴11公里。此区内人们普遍听到“闷雷声”,1～3秒钟后,震感加强,部分人惊逃户外。地震时,门窗、碗具作响,屋檐掉瓦、墙掉土,有的被震裂;个别房倒屋塌。前庄乡西沟村有一家的两间旧瓦房,当时倒一间,震后又倒一间。松树乡乡政府的厕所墙(高3米)被震倒。孙家坡有一户旧瓦房,震时墙裂缝,全家抢搬室内器皿什物,刚搬完即倒一间。孙家坡另一家三间瓦房的后檐掉瓦数百块。

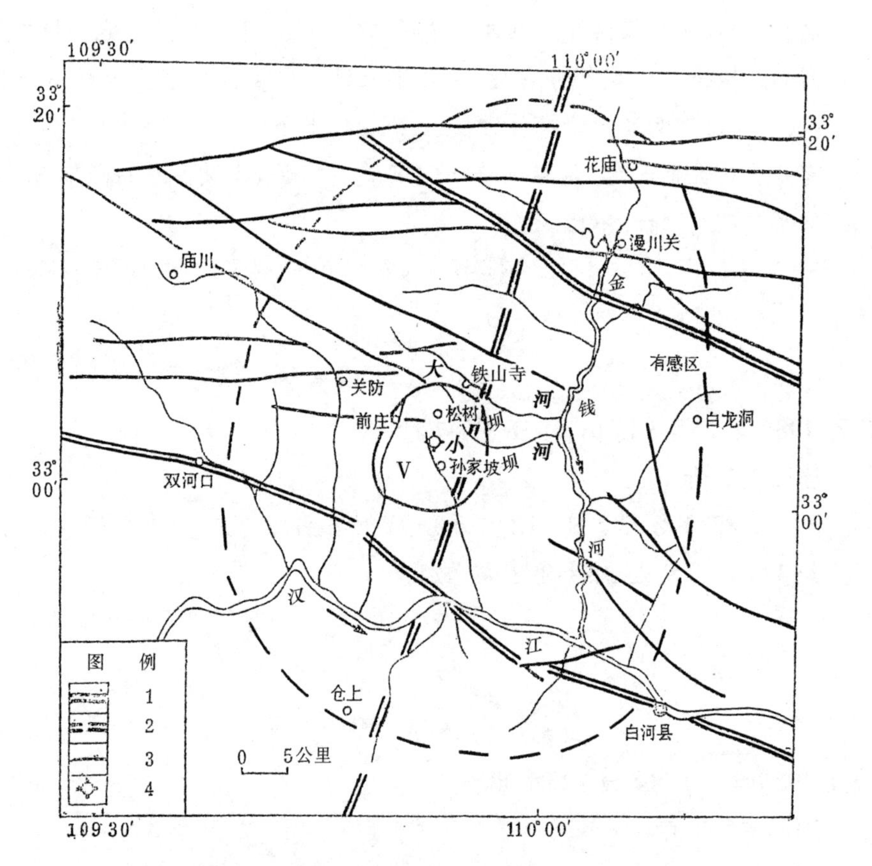

1.主要断裂　2.推测断裂　3.一般断裂　4.震中

1985年9月14日郧西关防2.9级地震等震线图

有感区:东到白龙洞,西至陕西旬阳县双河区,南过白河县城,北抵山阳县漫川区花庙,面积约650平方公里。此区内,多数人有震感,个别房屋掉瓦。

地震构造条件,震中区位于两郧断裂(北西西向)—草店断裂(北西西向)夹持的地块内。北西西走向的断裂,近东西向的断裂以及北北东走向的断裂,皆交切于本区。

此次地震发生之前,该区出现罕见的旱象,从未断流的大坝河、小坝河,干涸达数月之久。1985年7月15日18时30分,又发生雷电击裂一山岩事件。当地居民反映,当时只听一声巨响,山岩崩裂,一股青烟随之腾起。地震前几天,连降大雨。

《1985年9月14日郧西地震宏观调查报告》,1985年

附录一 地震史料订误

汉文帝元年(公元前179年)

荆州府(?)

〔文帝元年〕地震山崩,大水溃出。

嘉靖《湖广通志·祥异》卷一,嘉靖元年刻本

【按】

出自《汉书·文帝纪》:文帝元年"四月,齐、楚地震,二十九山同日崩,大水溃出"。《汉书》所称之楚,系指当时的楚国(国治彭城,今江苏徐州市,北与齐国国境相接),不是湖北的荆州。嘉靖《湖广通志》误引,万历《湖广总志》、《襄阳府志》,康熙《湖广通志》、《汉阳府志》、《荆州府志》、《孝感县志》、《罗田县志》、《黄安县志》,乾隆、光绪《江陵县志》,宣统《湖北通志》沿误。嘉庆《湖北通志》作文帝前元元年五月,亦误。

汉文帝二年四月(公元前178年)

荆州(?)

〔文帝二年四月〕楚山裂。(凡二十九所,大水发、溃出。)

万历《湖广总志·祥异》卷四十六,万历四年钞本

【按】

出处与内容同上条。万历《湖广总志》误作二年四月,万历《襄阳府志》,康熙《湖广通志》、《荆州府志》、《汉阳府志》、《孝感县志》,乾隆、光绪《江陵县志》所作均误。

汉元帝建昭二年冬(公元前37年冬)

荆州(?)

〔元帝建昭二年〕荆州地震,大雨雪。

万历《湖广总志·灾祥》卷四十六,万历四年钞本

【按】

出自《汉书·元帝纪》:建昭二年"冬十一月,齐、楚地震,大雨雪,树折屋坏"。汉代楚国都在彭城,即今江苏徐州市,不在荆州。万历《湖广总志》引证有误,康熙《湖广通志》,光绪《荆州府志》,乾隆、光绪《江陵县志》,宣统《湖北通志》均误。

东汉顺帝永建三年正月(公元128年2月18日—3月18日)

汉阳府(?)

〔永建三年正月〕地震,坏屋杀人,地坼涌水出。

嘉靖《湖广通志·祥异》卷一,嘉靖元年刻本

【按】

出自《后汉书·五行志》:"永建三年正月丙子,京都、汉阳地震。汉阳屋坏杀人,地坼涌水出。"查本省汉阳名,始于隋炀帝大业初(约在公元605年),汉代湖广尚无汉阳名。《后汉书》所指之汉阳,在今甘肃甘谷东南。嘉靖《湖广通志》误为湖广汉阳,万历《湖广总志》、《襄阳府志》,康熙《湖广通志》、《汉阳府志》,嘉庆《湖北通志》沿误。

三国吴大帝赤乌十一年二月(公元248年3月12日—4月10日)

江陵(?)

〔赤乌十一年二月〕江陵地震。

乾隆《荆州府志·祥异》卷五十四,乾隆二十二年刻本

【按】

出自《三国志·吴书·吴主传第二》卷四十七:赤乌十一年"二月,地仍震"。《宋书·五行志》、《晋书·五行志》均作:"江东地仍震"。三国时,江东是孙吴的根据地,故当时又称孙吴统治下的全部地区为江东。上文江东地震,似应在江苏南京一带,不在湖北江陵。乾隆《荆州府志》误引,乾隆、光绪《江陵县志》,光绪《荆州府志》,宣统《湖北通志》亦误。光绪《荆州府志》另一条作:"蜀汉后主,延熙十一年二月江陵地震。"亦误。蜀汉后主延熙十一年与吴大帝赤乌十一年为同一年(公元248年),且月份相同,是附会前志之作。

宋神宗元丰五年夏(公元1082年夏)

随州(治今随县)

〔元丰五年夏〕随州地震。木折,获石其下。

万历《湖广总志·灾祥》卷四十六,万历四年钞本

【按】

此条地震记录,宋史本纪、五行志均未载。宋代沈括《梦溪笔谈·神奇》卷二十有如下记述:"世人有得雷斧、雷楔者,云雷神所坠,多于震雷之下得之,而未尝亲见。元丰中,予居随州,夏月大雷震,一木折,其下乃得一楔,信如所传。凡雷斧多以铜铁为之,楔乃石耳。"上文"获石其下"之"石",就是《梦溪笔谈》所说的"雷楔"。万历《湖广总志》不察,误以雷震为地震。康熙、雍正《湖广通志》,嘉庆《湖北通志》,乾隆、同治《随州志》等所作内容与万历《湖广总志》同,并误作熙宁五年夏。李善邦《中国地震目录》作:"宋元丰五年夏在随县发生5级地震,震中烈度Ⅵ度,地震,木折。"误。后出之《中国地震目录》未列于强震。

南宋宁宗嘉定十四年正月初十日夜(公元1221年)

蕲州、黄州(?)

〔嘉定十四年正月乙未〕地夜震,大雷,金人乘震破蕲州。

乾隆《黄州府志·祥异》卷二十,乾隆十四年刻本

〔嘉定十四年正月乙未〕地夜震,大雷,金人乘震破蕲、黄。

乾隆《蕲州志·祥异》卷十九,乾隆二十年刻本

汉阳军(?)

〔嘉定十四年正月〕地震,大雷。

康熙《汉阳府志·灾祥》卷十八,康熙八年钞本

【按】

《宋史·宁宗纪》卷四十载:"十四年春正月……乙未,地震。……二月壬申,金人治舟于团风,弗克济,遂围黄州……三月己亥,金人陷蕲州……"据《宋史》十四年正月地震,二月金人围黄州,三月陷蕲州,这是两项不同性质的事件。所记地震,应在当时的京师临安(今浙江杭州),不在蕲州、黄州,更不在汉阳。万历《湖广总志·灾祥》卷四十六误为湖广地震,作:嘉定十四年地夜震,大雷(是岁金虏入,蕲、黄州失守)。康熙、乾隆《汉阳府志》,同治《汉川县志》沿误。乾隆《黄州府志》、《蕲州志》并将地震和金虏入二者联系一起,牵强附会,误作:(蕲州)、(黄州)地夜震,大雷,金人乘震破蕲、黄。后志如乾隆、道光、光绪《黄冈县志》所作,均误,《中国地震资料年表》沿误。

明宣宗宣德八年(公元1433年)

蕲水(今浠水)

公元1433年,明宣德八年在浠水(北纬30.5°、东经115.2°)发生五级地震,坏学宫,震中烈度Ⅵ度。(注:《明史》不载,根据顺治《蕲水县志》)

《中国地震目录》,1960年

【按】

顺治《蕲水县志·儒学》卷四:"在县东,即宋、元旧基,元季庙学并焚于

兵,洪武甲寅知县赵季光建,宣德癸丑被震,正统已未知县胡奎修。”该志《艺文·修学记》卷二十一又载:“学校,自京师以至天下府、州、县,莫不有夫子庙……国朝洪武甲寅,知县赵季光始复建于此,岁久,日就朽坏。宣德癸丑,县丞黄含睹、主簿夏时共患之,始勉新礼,殿未几被震。正统已未,番阳胡奎以戎臣荐,来理县事,下车之初,即谒庙学而周览之,大惧,无以称瞻仰之盛心,谋于僚佐……与市材鸠工撤其旧而大之。”从以上两篇修学记看,只有“被震”和“殿未几被震”,找不出“地动”、“地震”字样。查浠水县志及州、府志灾异篇,也无地震资料收录,这就说明此年浠水没有发生地震。“学宫被震”似取义于《春秋》所记僖公十五年“震夷伯之庙”。震夷伯之庙的“震”字:《说文解字》段注,为疾雷振物;《中文大词典》注,震者,雷电击之;《康熙字典》疏,雷之甚者为震。汉代以后的史书,记雷震宫殿庙宇陵寝者,多有类此之作。例如:“魏明帝景初中,洛阳城东桥、城西洛水浮桥桓楹,同日三处俱时震。”又如:“吴孙权赤乌八年夏,震宫门柱,又击南津大桥桓楹。”又如:“晋惠帝永康元年六月癸卯,震崇阳陵标西南五百步,标破为七十片。”以上诸例,《宋书·五行志》、《晋书·五行志》都是收录在雷震项内。由此可见,“学宫被震”的“震”字,是雷震,不是地震。李善邦《中国地震目录》作五级地震坏学宫,误。中央地震工作小组办公室《中国地震目录》、国家地震局《中国地震简目》沿误。

明英宗正统十一年七月(?)

江夏(今武昌)

〔正统十一年七月〕江夏地震,生毛(同治《江夏县志》)。

《中国地震资料年表》1044页,1956年

【按】

同治《江夏县志》无正统十一年七月地震记载。

明孝宗弘治六年十二月初三日(公元1494年1月9日)

郧西

〔弘治六年〕十一月大雪至十二月壬戌(初二日)夜大雷电，癸亥(初三日)复地震，丁卯(初七日)雪乃止，平地三尺余，人畜多冻死。

同治《郧西县志·祥异》卷十二，同治五年刻本

【按】

《明史·五行志》卷二十八(恒寒)作："弘治六年十一月，郧阳大雪，至十二月壬戌夜，雷电大作，明日复震，后五日雪止，平地三尺余，人畜多冻死。"据《明史》"明日复震"为雷震，同治《郧西县志》引用史料不慎，以雷震为地震，误改为"癸亥复地震"。乾隆、民国《郧西县志》均无此记载。

明世宗嘉靖三十年五月(公元1551年6月)

江陵(今荆州市荆州区)

〔嘉靖三十年五月〕江陵地震(乾隆《江陵县志》)。

《中国地震资料年表》1009页，1956年

【按】

查乾隆《江陵县志》无此记载，光绪《江陵县志》亦无此记载。

明世宗嘉靖四十四年(公元1565年)

襄阳

九年壬子诏有司为襄垣(襄阳)王府陵川县君建坊，赐名贞节。初，仪宾裴禹卿地震压死，县君自经，事闻，下礼部议。

《中国地震资料年表》1012页，1956年

【按】

《明史·列传第五》卷一百一十七载："襄垣王逊㷃，简王第五子，分封蒲州……其后宗人……俊噤，字若讷，尤博学，有盛名，不慕荣利，姊陵川县

君,适裴禹卿,地震城崩,禹卿死。县君以首触棺,呕血卒,年二十有一,诏谥贞节。”查襄垣,属今山西省,在长治县北,始于汉,为赵简子所筑,故名。明属潞安府,蒲州、陵川,亦俱在山西。《中国地震资料年表》以“襄垣”为“襄阳”,误。

明神宗万历三十八年十二月(?)

夷陵州(治今宜昌)、**宜都**

〔万历三十八年十二月〕夷陵州、宜都夜地震(康熙《宜都县志》、乾隆《东湖县志》)。

《中国地震资料年表》1015页,1956年

【按】

夷陵州,明洪武九年改峡州置。康熙《宜都县志》、乾隆《东湖县志》均无此条地震记载。

明熹宗天启四年(公元1624年)

德安府

〔天启四年〕……以一日三地震告,乾清□之震尤甚(见明天启四年杨琏劾魏忠贤二十四大罪疏)。

光绪《德安府志·补遗》卷末,光绪十四年刻本

【按】

《天启实录》卷四十三原文为:“天启四年四月左都御史杨琏奏:……今年又以一日三地震告,乾清宫之震尤甚。”据《明史·五行志》卷三十载:“四年二月丁酉,蓟州、永平、山海地屡震,坏城郭庐舍。甲寅乐亭地裂,涌黑水高尺余。京师地震,宫殿动摇有声,铜缸之水腾波震荡,三月丙辰、戊午又震,庚申又震者三。”又据《明通鉴》卷七十九记:“……戊午地再震,庚申复震者三,时宫中地震,乾清宫尤甚。”上述地震系指三月庚申地震,即三月初

六。此次地震震中在河北滦县，二月甲寅（三十日）主震震级6 $\frac{1}{4}$，震中烈度八度，破坏面纵长约100千米，波及京师。光绪《德安府志·补遗》误引。

明思宗崇祯五年十月（?）

湖广（湖广承宣布政使司治所江夏，今武昌）

〔崇祯五年十月〕湖广地震（康熙《湖广通志》）。

《中国地震资料年表》1018页，1956年

【按】

康熙《湖广通志》无此记载。

清嘉庆十六年（?）

长阳

〔嘉庆十六年〕长阳地震（同治《长阳县志》）。

《中国地震资料年表》1026页，1956年

【按】

同治《长阳县志》无此记载。

清同治六年八月二十日巳刻（公元1867年9月17日10时）

大冶

〔同治六年八月二十日巳刻〕大冶地震（光绪《大冶续志》）。注：同治《大冶县志》作"天震"。

《中国地震资料年表》1032页，1956年

【按】

查光绪《大冶县志续》无此条地震记载。同治《大冶县志》作：六年八月二十日巳刻天震。无误。

中华民国十二年阴历癸亥八月初一日(公元1923年9月11日)

嘉鱼

汉口电:嘉鱼真(11日)晚地震,倒恒升福商店一家,压毙八人。

《申报》(上海),1923年9月14日

【按】

此条地震,本编委托嘉鱼县科委葛少臣同志作了调查。调查后反映,此条消息不实。恒升福原为布店,当时,该店楼上堆放之玉米负荷太重,八月初一日晚忽然倒塌,压死顾客、雇员七男一女,该店老板为逃避责任,抵赖赔款,故捏造此条消息。当地年老人尽知民国十二年恒升福商店倒屋一事。至今仍流传:"恒升福、倒了屋,压死七个和尚一个姑(即七男一女之意)。"

中华民国二十四年阴历乙亥七月十八日(公元1935年8月16日)

松滋

松滋县属磨盘洲附近数里地方,日前突然发生地震,致将该处山地崩裂十余丈,坍塌民房十余间,损伤人民数名,形势非常凄惨云。

《武汉日报》,1935年8月18日

【按】

民国《松滋县志》二十六年版本无地震记载。该志第一卷记事作:"民国二十四年七月四日狂雨倾盆,四朝未已,江河泛涨,大浸稽天,堤垸漫溃者三十垸,未溃而遭内溃只有六垸。一时山洪暴发,滨溪之田冲坏者计六十处。其市镇被水最甚者,如朱市,新江口,磨市,街河市,刘市,西市,杨村市,纸厂河,新陈市,天星市皆是。是灾也,计淹没田亩三十五万一千一百余亩,坍塌屋宇一万七千二百三十余栋,淹死人口一千二百十五人……不意八月二日,又遭复水冲坏,其少存者,惨逢秋旱,所收甚微。"另据荆州地区行署地震办公室1981年4月实地调查,认为:民国二十四年湖北大水,松滋磨盘洲附近受灾较重,但未发生地震。该办调查访问记摘要:4月22

日下午访问了磨盘洲两位老人，一是团结商店的徐泉浦，现年 70 岁，原为磨盘洲商会会长，他说："乙亥年发大水，房子被冲倒无计数，但没有发生地震。"一是陶小清，现年 79 岁，他说："乙亥年发大水，南河溃口，倒塌房屋很多，赵家垸杨小山的八间房子被水冲走，没有发生地震。"4 月 23 日在张家坪、4 月 24 日在赵家垸召开的老人座谈会，也都说乙亥年这里没有发生地震。

李善邦《中国地震目录》作："1935 年 8 月 10 日在松滋磨盘洲附近(北纬 30.5°、东经 111.5°)发生$4\frac{3}{4}$～5 级地震，坍塌民房十余间，山地塌裂十余丈，死伤人民数名。注：见《武汉日报》，地震小，山崩造成灾害。"误。后出之《中国地震目录》未列入强震。

附录二　山崩地裂陷史料汇考

东汉和帝永元十二年闰五月十七日(公元100年7月11日)

秭归新滩广家崖

〔永元十二年闰四(五)月戊辰〕南郡秭归山高四百丈,崩填溪,杀百余人。

《后汉书·和帝纪》卷四

《东观汉纪·孝和皇帝》卷二

【按】

据《二十史朔闰表》为永元十二年闰五月。山崩地点,上文已明确指出在南郡秭归。近据宜昌地区赴新滩广家崖岩崩联合调查组《秭归县新滩广家崖岩崩调查报告·岩崩历史概述》称:"广家崖位于长江北岸新滩镇以北约2.5公里,与江南岸的链子崖隔江相望。于广家崖至链子崖一带,是历史上常发生崩塌、滑坡的地段……,目前由新滩至广家崖一带广泛分布的古崩塌堆积物,正是历史上屡次岩崩产物叠加与营造的结果。新滩镇即是坐落在古崩塌乱石堆积之上。"据调查报告,广家崖海拔1 332米,相对于新滩镇的比高为1 220米,合东汉尺制约475丈。广家崖山脚下的溪河已无痕迹,体形数千立方米的巨石,比比皆是,古崩塌堆积物屡次叠加已有相当高度。这些事实,与史相合,所以南郡秭归山崩,在今新滩广家崖。此次山崩,规模宏大,但只是崩填溪,并未塞江。

关于晋太元二年(公元377年)又崩……,遂成新滩的记述,最先出现于南宋范成大所著的《吴船录》中。《吴船录》卷下作:"……三十里至新滩,此滩恶名豪三峡,汉晋时山再崩塞江,所以名新滩。"晋太元二年山又崩,《晋书·孝武帝纪》、《晋书·五行志》、《宋书·五行志》皆不载,北魏郦道元《水经注》虽有此记载,但它是对四川巫山新崩滩的记述。《水经注·江水》

曰："江水又东，迳巫峡，杜宇所凿以通江水也。郭仲产云：按《地理志》，巫山在县西南，而今县东有巫山，将郡县居治无恒故也。江水历峡东经新崩滩。此山汉和帝永元十二年崩，晋太元二年又崩，当崩之日，水逆流百余里，涌起数十丈，今滩上有石，或圆如箪，或方似屋，若此者甚众，皆崩崖所陨，致怒湍流，故谓之新崩滩。"因为《水经注》与《后汉书》都记有汉和帝永元十二年山崩，加之新崩滩与新滩仅一字之差，所以《归州志》险隘篇收录了《吴船录》的新滩记述。后代的游记，也有把《水经注》所说的新崩滩引用到新滩的。例如清陶澍《蜀辐日记》卷三作："……二十四日，玉漏初沉，金乌未跃，即过上滩，滩水迅急……按：新滩即古之新崩滩，《水经注》云：汉和帝永元十二年两岸山崩，晋太元二年又崩，崩时江水逆流百余里，涌起数十丈，今滩上石或圆如缶，或方如屋，若此者甚众，皆崩岩所陨，致怒湍流，当时名新崩滩，今去崩字为新滩耳。"《水经注》所作"此山汉和帝永元十二年崩"与《后汉书》所载不符，可能有误；"晋太元二年又崩"，正史不载，可能另有他据。《水经注》对新崩滩的记述，颇为详细，但对秭归新滩，却无片言只字提及。由此可证，秭归当时尚无新滩，因而晋太元二年山崩，不在秭归。南宋陆游《入蜀记》以江渎南庙碑文为据，认为在宋天圣年间（公元1023—1031年）因山崩石壅江流不通，才有新滩。《吴船录》引"注"于新滩，误。

东汉献帝建安三年（公元198年）

宜城太山

县有太山，山下有庙……此山以建安三年崩。声闻五六十里。雉皆屋雊，县人恶之。

《水经注·沔水》卷二十八

西晋惠帝元康四年六月（公元294年7月10日—8月8日）

上庸郡(治竹山,今竹山西南)

〔元康四年六月〕上庸郡山崩,杀二十余人。

《晋书·惠帝纪》卷四

【按】

《宋书·五行志》作:六月,寿春大雷震,山崩地坼,家人陷死,上庸郡亦如之。

西晋惠帝元康四年八月(公元294年9月7日—10月6日)

上庸郡(治竹山,今竹山西南)

〔元康四年八月〕上庸四处山崩地陷,广三十丈,长百三十丈,水出杀人。

《宋书·五行志》卷三十四

《晋书·五行志》卷二十九

【按】

《晋书·惠帝纪》作:"四年八月上谷、居庸、上庸并地陷裂,水泉涌出,人有死者。"

西晋怀帝永嘉三年七月初二日(公元309年8月23日)

当阳

〔永嘉三年七月戊辰〕当阳地裂三所,广三丈,长二百余步。

《宋书·五行志》卷三十四

【按】

《晋书·五行志》作"三百余步",嘉靖《湖广通志》作"永嘉三年当阳地震"。《中国地震资料年表》亦作地震收录。

西晋怀帝永嘉三年十月（公元 309 年 11 月 19 日—12 月 17 日）

夷道（今宜都）

〔永嘉三年十月〕宜都夷道山崩。

《宋书·五行志》卷三十四

【按】

《水经注》:"夷道县,汉武帝伐西南夷,路由此出,故曰夷道矣……刘备曰宜都,郡治在县东四百步,故城吴丞相陆逊所筑也。为二江之会也……"

东晋元帝太兴三年（公元 320 年）

南平郡（治江安,今公安）

〔太兴三年〕南平郡山崩,出雄黄数千斤。

《晋书·五行志》卷十九

【按】

《宋书·五行志》列入地震项内。

南朝梁武帝普通二年八月二十二日（公元 521 年 10 月 8 日）

始平郡（治均州,今丹江口）

〔普通二年八月丁亥〕始平郡中,石鼓村地自开成井,方六尺六寸,深三十二丈。

《梁书·武帝纪》卷三

【按】

据《读史方舆纪要》称:均州,晋属顺阳郡,元帝渡江后侨置始平郡,宋为始平郡治,齐、梁因之。

唐玄宗天宝十三年秋(公元754年秋)

回山(今黄石市西塞山)

异泉在回山之上。旧志云,天宝十三年春至夏甚旱,秋至冬积雪。是秋,回山崩坼,有穴出泉,水流二三百仞,浮江中可望。

嘉靖《兴国州志·祥异》卷三十七,嘉靖三十三年刻本

【按】

以上资料,源出唐代《异泉铭》,轶据《元次山集》录入。回山现名西塞山,在今黄石市东。

宋真宗天禧五年五月(公元1021年6月13日—7月12日)

襄州(治襄阳)

〔天禧五年〕襄州凤林镇道侧地涌起,高三尺,阔八尺,知州夏竦以闻。

《宋史·五行志》卷六十七

〔天禧五年五月〕襄州凤林镇道侧,地涌起三尺。

万历《湖广总志·灾祥》卷四十六,万历四年钞本

宋仁宗天圣年间(公元1023年—1031年)

秭归

〔天圣年间〕秭归山崩,江石断流,舟楫不通几三十年。

万历《归州志·神异》卷三,万历三十七年刻本

〔天圣年间〕赞唐山崩石壅,江流不通,遂成新滩(江渎南庙碑)。

光绪《归州志·祠祭》卷十,光绪二十七年刻本

【按】

南宋陆游《入蜀记》载:“江渎南庙有一碑,前进士曾华旦撰言,此山崩石压成此滩,害舟不可胜计,于是著令自十月至十二月禁行,知归州尚书都

官员外郎赵诚闻于朝，疏凿之，用工八十日而滩害始去，时皇祐三年(公元1051年)也。盖江绝于宋天圣中，至是而后通，然滩害至今未能悉去。”

元武宗至大三年六月(公元1310年6月28日—7月26日)

襄阳、峡州路(治夷陵，今宜昌)、**荆门州**(治长林，今荆门)

〔至大三年六月〕襄阳、峡州路、荆门州大水山崩。坏官廨民居二万一千八百二十九间，死者三千四百六十六人。

《钦定续文献通考·物异志》卷二百二十

〔元至大三年夏六日〕峡州路大水山崩，坏居民，炬者甚众。

万历《归州志·神异》卷三，万历三十七年刻本

明孝宗弘治三年二月(公元1490年2月19日—3月20日)

施州(治恩施)

〔弘治三年二月〕城东五十里，石信山崩，有大石二，卓立路旁如人形。本月，去山崩处五里，清江南岸山崩，大石塞江，水为不流，遂壅水为滩。

嘉靖《湖广通志·祥异》卷一，嘉靖元年刻本

〔弘治三年二月〕施州山崩，怪石出，江塞(石信山崩，有大石二，类人形，卓立路旁，距五里清江南岸山崩，大石塞江，水为不流，遂壅为滩)。

万历《湖广总志·灾祥》卷四十六，万历四年钞本

明孝武宗正德四年(公元1509年)

安陆州(治长寿，今钟祥)

〔正德四年〕安陆州城堕三百余丈。

乾隆《湖北下荆南道志·祥异》卷一,乾隆五年刻本

明武宗正德十一年八月(公元1516年8月28日—9月25日)

武昌(今鄂州市)

〔正德十一年八月〕武昌地裂。

康熙《湖广通志·祥异》卷三,康熙三十三年刻本

明武宗正德十一年(公元1516年)

江夏(今武昌)

〔正德十一年〕霪雨,水溢山崩。

康熙《江夏县志·祥异》卷二十二,康熙六十一年刻本

明武宗正德十一年(公元1516年)

施南(治恩施)

〔正德十一年〕马栏寺山裂。

宣统《湖北通志·祥异》卷七十五,民国十年铅印本

明世宗嘉靖十六年春(公元1537年春)

荆门白虎山

〔嘉靖十六年春〕荆门白虎山脊忽雷起,陷成方井,四壁如削,深广三四丈。

乾隆《荆门州志·祥异》卷三十四,乾隆十九年刻本

明世宗嘉靖二十年五月(公元 1541 年 5 月 25 日—6 月 23 日)

随州

〔嘉靖二十年五月〕随州大雨三日,黄连村地裂为壑,有声如雷,周五里皆震,再越月乃止。

万历《湖广总志·灾祥》卷四十六,万历四年钞本

【按】

《中国地震资料年表》作地震收录。

明世宗嘉靖二十一年六月初七日(公元 1542 年 7 月 23 日)

归州

〔嘉靖二十一年六月乙酉〕归州沙子岭大雷雨,崖石崩裂,塞江二里许。

《明史·五行志》卷三十

〔嘉靖二十一年六月二十日〕新滩北岸,山泉涌出泥滓,山势渐裂,居民惊骇逃避,顷之,山崩五里许,巨石腾壅,闭塞江流,压居民舍百余家,舟楫不通。

嘉靖《归州志·灾异》卷四,嘉靖四十三年刻本

万历《归州志·神异》卷三,万历三十七年刻本

【按】

清陶澍《蜀輶日记》卷四:"按后汉永元十二年秭归山崩,又陆游记皇祐三年知归州赵诚以山崩石壅害舟闻于朝,疏凿之,盖江绝于天圣中,至是始通。迨明嘉靖中,龙起山崩,而滩门益狭矣。"《归州志·艺文》记有天启湖广按察使乔拱璧《重凿新滩碑文记》,时为天启甲子(公元 1624 年)冬十月。碑文中有"八十年畏道,忽若坦途,行旅咸快"之句。

明世宗嘉靖三十七年夏(公元 1558 年夏)

秭归

〔嘉靖三十七年夏〕新滩又崩裂,颓民居数十间,压死三百余人。

嘉靖《归州志·灾异》卷四,嘉靖四十三年刻本

万历《归州志·神异》卷三,万历三十七年刻本

【按】

当地民间传说:"嘉靖二年崩瓦缸,打劈神条子一邦邦。"瓦缸在头滩以上原水马门一带,"神条子"为湖南运煤木船。此次山崩,可能与嘉靖二十一年或三十七年山崩是一回事,也可能不是一回事。无据可考。

明神宗万历六年春(公元1578年春)

罗田观音山

〔万历六年春〕罗田饥,观音山崩,出白土如米粉,民争取之,活人甚众,至秋熟粉不见,遂相传为观音粉。

宣统《湖北通志·祥异》卷七十五,民国十年铅印本

明神宗万历六年冬(公元1578年冬)

潜江

〔万历六年冬〕大雪弥月,地震(裂)。

康熙《潜江县志·灾祥》卷二,康熙三十三年刻本

【按】

光绪《潜江县志》重刊本作:"万历六年冬,大雪弥月,地裂。"

明神宗万历十九年(公元1591年)

荆门

〔万历十九年〕荆门山水涨,城北水口山崩。

康熙《安陆府志·郡纪》卷一，康熙六年刻本

明神宗万历二十五年七月(公元1597年8月13日—9月7日)

荆门

〔万历二十五年七月〕荆门州黄陵坡山高数寻，一夕不见，块然平地。

康熙《安陆府志·郡记》卷一，康熙六年刻本

【按】

康熙《湖广通志》、乾隆《湖北下荆南道志》所作亦同，乾隆《荆门州志》、嘉庆《荆门直隶州志》误作二十六年六月。

明神宗万历二十五年八月(公元1597年9月11日—10月10日)

潜江

〔万历二十五年八月〕潜江河水震荡，池井俱溢。

康熙《安陆府志·郡纪》卷一，康熙六年刻本

【按】

康熙《潜江县志》、乾隆《湖北下荆南道志》所作亦同。乾隆《荆门州志》、嘉庆《荆门直隶州志》误作二十六年八月。《中国地震资料年表》作为地震收录。

明神宗万历三十二年春(公元1604年春)

蕲州大泉山(在今蕲春蕲州镇)

〔万历三十二年春〕蕲州大泉山东南裂百余丈、阔二丈，至崇祯初始渐合。

康熙《蕲州志·祥异》卷十二，康熙三年刻本

明神宗万历三十六年五月(公元1608年6月12日—7月11日)

通城终山

〔万历三十六年五月〕终山崩,川溢。

康熙《通城县志·灾异》卷九,康熙十一年增刻本

明思宗崇祯十年(公元1637年)

京山

〔崇祯十年〕京山羊祜岭自行五十步。

乾隆《湖北下荆南道志·祥异》卷一,乾隆五年刻本

明思宗崇祯十三年七月(公元1640年8月17日—9月15日)

蕲州

〔崇祯十三年七月〕蕲州江岸逆月港忽地裂崩,房屋俱陷。

康熙《蕲州志·祥异》卷十二,康熙三年刻本

清顺治十七年(公元1660年)

宜都

〔顺治十七年〕宜都梅子溪江滨山崩。

康熙《宜都县志·灾祥》卷十一,康熙三十六年刻本

清康熙四十六年九月(公元1707年9月26日—10月24日)

光化(今老河口)

〔康熙四十六年九月〕马窟山卯、申、酉三时鸣如釜,十月止。

光绪《光化县志·祥异》卷八，光绪十三年刻本

清康熙年间（公元 1662 年—1722 年）

秭归新滩

归州东三十里，康熙年间山崩成滩，非苏集中新崩滩也。

同治《朱文学公集·诗》卷三

【按】

苏集中“新崩滩”为《水经注》所述重庆巫山东，晋太元二年山崩所形成之滩。

清雍正年间（公元 1723 年—1735 年）

蕲州崇居乡（在今蕲春东北）

〔雍正年间〕崇居乡杨家寨，土忽裂一口，深无际，观者引绳数十丈，缀石投之无际，但觉清泉隐隐，越数年后复合，至今裂痕尚存。

咸丰《蕲州志·祥异》卷二十五，咸丰二年刻本

清乾隆十五年五月（公元 1750 年 6 月 4 日—7 月 3 日）

英山

〔乾隆十五年五月〕英山岩崩裂。

《清史稿·灾异志》卷四十四

清嘉庆十三年四月十六日（公元 1808 年 5 月 11 日）

恩施

〔嘉庆十三年戊辰四月十六日〕县治西乡燕子崖山石崩塌周围四

里许,击碎韩宗圣、张天凤宅,压毙男妇大小二十一口。

嘉庆《恩施县志·祥异》卷四,嘉庆十三年刻本

清嘉庆二十四年五月(公元1819年6月22日—7月21日)

长乐(今五峰)

〔嘉庆二十四年五月〕烟洞子北十里许,孔家河旁,二十四年五月内,天大雷电以风,北山崩裂,突出一石,矗立河边,高约五丈,周围亦丈许,下方顶尖,叠起三层,宛如宝塔,至今人呼为宝塔崖。

同治《长乐县志·杂记》卷十六,同治九年刻本

【按】

《清史稿》作:二十四年五月,东湖山崩。

清嘉庆年间(公元1796年—1820年)

长乐(今五峰)

〔嘉庆年间〕有王姓宅,忽一日大雨,其宅堂中倏起一霹雷声,地即崩裂,有黑水涌出,即以方桌置其上,雷息水止,后掘其地,尽皆黑泥。

咸丰《长乐县志·杂记》卷十六,咸丰二年刻本

清嘉庆年间(公元1796年—1820年)

鹤峰

〔嘉庆年间〕分水岭下阳路旁有石溜一段,于嘉庆年间白日石裂,其震如雷,往视之约宽寸许,长丈余,裂缝中深黑莫测,如有星光飞舞,远近观者旬日乃止。

道光《鹤峰县志·杂述》卷十四,道光二年刻本

清道光六年四月四日(公元 1826 年 5 月 10 日)

宜昌

〔道光六年四月四日〕普溪铺阎家坪溪边地裂五里许,宽四丈余,阅四月,土皆陷入溪内,田庐尽没。

同治《宜昌府志·天文》卷一,同治四年刻本

同治《东湖县志·禨祥》卷二,同治三年刻本

【按】

《中国地震资料年表》收录于地震条。

清道光十三年(公元 1833 年)

长乐(今五峰)

〔道光十三年〕长乐坪关姓碑间,忽一日天晚微阴,隐隐有泥水激撞声,至夜大雨滂沱,雷霆震鹳,屋柱摇摇然欲倒,经时乃止。出视,则宅外磐石前者易而后,后者易而前,石重数千钧,数十人不能摇动者,不知何异?

咸丰《长乐县志·杂记》卷十六,咸丰二年刻本

清道光十四年正月十五日(公元 1834 年 2 月 23 日)

麻城

〔道光十四年正月十五日〕墩阳区磨石岗,巨石裂成数块,其声如雷。

光绪《麻城县志·皇朝大事记》卷二,光绪二年刻本

清道光十五年(公元 1835 年)

武昌(今鄂州市)

〔道光十五年〕县南百子畈地裂。

光绪《武昌县志·祥异》卷十,光绪十一年刻本

【按】

《中国地震资料年表》收录于地震条。

清道光十五年五月(公元1835年5月27日—6月25日)

房县

〔道光十五年五月〕房县唐溪沟大岩崩。

宣统《湖北通志·祥异》卷七十五,民国十年铅印本

清道光十八年七月十一日(公元1838年8月30日)

恩施下塘坝

〔道光十八年七月十一日〕下塘坝稻田地忽作裂帛声,居民尽移他处,越三日,夜,山崩。

同治《恩施县志·祥眚》卷十二,同治五年刻本

【按】

《清史稿·灾异志》误作"道光十八年十一月恩施山崩"。《中国地震资料年表》收录于地震条。

清道光二十九年五月初十日(公元1849年6月29日)

通城

〔道光二十九年五月〕初六大雨,至初十日止,市上水深丈余,冲复庐居无算,马槽山崩三十余丈,各乡山多崩裂,泉港泉口两山崩合,堵

水数日始涌出，冲民居数十，人畜死者甚众。

同治《通山县志·祥异》卷二，同治七年活字本

清道光二十七年(公元1847年)

长乐(今五峰)

〔道光二十七年〕渔洋关桥河下峡内，右边山忽崩，巨石滚入江溪中，舟道阻塞者半年。

同治《长乐县志·杂记》卷十六，同治九年刻本

清道光二十九年五月十八日(公元1849年7月7日)

黄梅

〔道光二十九年五月十八日〕独山镇山驰数十丈，其山下田有推而外徙者。

光绪《黄梅县志·祥异》卷三十七，光绪二年刻本

〔道光二十九年五月十八日〕黄梅卓壁镇大雨时，有山高数仞，径三百余步，忽自移数十弓，其林木坟墓安然无恙，数小儿樵牧其上，如坐船中，而不知船之行也。

光绪《湖北通志志余·祥异》第十册，光绪间钞本

清道光二十九年五月二十四日(公元1849年7月13日)

黄冈

〔道光二十九年五月二十四日〕黄冈大崎山腰裂数十丈，响声震百里，居民庐舍倾圮，年余始渐合，至今尚有痕迹。

光绪《黄州府志·祥异》卷四十，光绪十年刻本

【按】

《中国地震资料年表》收录于地震条。

清道光二十九年六月(公元 1849 年 7 月 20 日—8 月 17 日)

监利

〔道光二十九年六月〕监利乐山崩。

宣统《湖北通志·祥异》卷七十六,民国十年铅印本

清咸丰元年二月初六日(公元 1851 年 3 月 8 日)

麻城

〔咸丰元年二月初六日〕袁家崖山□□裂声震如雷,宽二尺许,长二百余步,深不见底,投以石有声,后渐塞。同治二年五月复裂如前,今虽闭塞,其形迹尚存。

光绪《麻城县志·皇朝大事记》卷二,光绪二年刻本

清咸丰元年(公元 1851 年)

兴山

〔咸丰元年〕仙侣山崩。

同治《兴山县志·祥异》卷十,同治四年刻本

清咸丰三年六月(公元 1853 年 7 月 6 日—8 月 4 日)

郧县(今十堰市郧阳区)

〔咸丰三年六月〕县南青岩保山裂里许,宽丈余。

同治《郧县志·祥异》卷一，同治五年刻本

清咸丰三年六月二十八日（公元1853年8月2日）

长乐（今五峰）

〔咸丰三年六月〕自二十五日至二十八日，大雨滂沱，昼夜倾盆，致有楠木山崩，压坏民居……楠木山顶有伍姓家茅屋数椽而已。先两日宅地皆崩裂，有水涌出，方以土石塞其孔道，至二十八日角鸣尖狮子脑堰坪等处山皆裂开。楠木西山上有人见其宅后黑烟冲起，迷漫空际，后山摇摇然动，急呼其家人出，其家扛抬箱笼，方出后则大山皆崩，草木倾折，土石奔腾，黑水和泥浆随涌，伍姓宅倾陷，而邓姓宅扑复，牲畜钱谷一切尽埋没矣。

咸丰《长乐县志·杂记》卷十六，同治九年补刻本

清咸丰五年十一月初四日（公元1855年12月12日）

大冶

〔咸丰五年十一月初四日〕申、未之交，各路塘水喷溢，陡涨六七尺，旋跌旋起者数次，塘边草木皆湿。

同治《大冶县志·祥异》卷八，同治六年刻本

清咸丰六年（公元1856年）

武昌（今鄂州市）

〔咸丰六年〕百子畈地裂，慈湖港地出火可煮酒。

光绪《武昌县志·祥异》卷十，光绪十一年刻本

【按】

《清史稿》作：咸丰六年五月六日来凤地震，武昌百子畈地裂。百子畈

在鄂城城南一千米,慈湖港在城南三四千米。

清同治六年秋(公元 1867 年秋)

武昌(今鄂州市)

〔同治六年〕秋旱,百子畈地裂。

光绪《武昌县志·祥异》卷十,光绪十一年刻本

清同治七年五月十九日(公元 1868 年 7 月 8 日)

通山

〔同治七年戊辰五月十九日〕午后大雨,一三都大水寨下山崩数十丈,二十一日复雨,城中水深八九尺,乡市民房多坏。

同治《通山县志·祥异》卷二,同治七年活字本

清同治七年七月三日(公元 1868 年 8 月 20 日)

随县

〔同治七年七月三日〕随县安全岩地陷,水涌。

《清史稿·灾异志》卷四十四

【按】

宣统《湖北通志》作:七年六月随州地陷水涌,漂没民房无数。

清光绪九年三月(公元 1883 年 4 月 7 日—5 月 6 日)

光化(今老河口)

〔光绪九年三月〕光化马窟山裂。

《清史稿·灾异志》卷四十四

【按】

宣统《湖北通志》作九年春。

清光绪二十五年八月(公元 1899 年 9 月 5 日—10 月 4 日)

襄阳

〔光绪二十五年八月〕襄阳白马洞石崖崩。

宣统《湖北通志·祥异》卷七十六,民国十年铅印本

清光绪二十七年六月初旬(公元 1901 年 7 月 16 日—25 日)

阳新

〔光绪二十七年六月〕初旬大雨倾注,河水陡涨丈余,州北黄土塘山下有一峰忽自移走,自午至暮约去二里外,坟墓坐向俱差异焉。

光绪《兴国州志补篇·祥异》卷首,光绪三十年刻本

清光绪三十四年十月(公元 1908 年 10 月 25 日—11 月 23 日)

襄阳

〔光绪三十四年十月〕襄阳狮子岩石洞陷,深七八尺,广丈余,泉水枯竭。

宣统《湖北通志·祥异》卷七十六,民国十年铅印本

清宣统二年九月(公元 1910 年 10 月 3 日—11 月 1 日)

襄阳

〔宣统二年九月〕襄阳蛾山大石崩。

宣统《湖北通志·祥异》卷七十六,民国十年铅印本

中华民国三年阴历甲寅五月十七日(公元1914年6月10日)

施南(今恩施)

湖北施南县北乡狍头山异常高耸,本月十日地震,约有三十分钟之久,该山因之崩陷,较地平线计低八九尺,所有该山及毗连房屋坟墓同遭倾塌,共毙男女老少三百余口,尸体无从,该县知事电报来省,吕巡按使当令查明,分别抚恤云。

《时报》(上海),1914年6月22日

【按】

《中国地震资料年表》收录于地震项,经调查似为山崩。

中华民国十三年阴历甲子(公元1924年)

秭归新滩

1924年新滩九盘山崩,崩塌方量约150万立方米。

《长江西陵峡北岸新滩黄岩地区稳定性调查研究报告》,1982年

中华民国二十四年阴历乙亥六月初三日(公元1935年7月3日)

秭归新滩

1935年阴历六月初三日,连续七天七夜暴雨,姜家坡至柳林危险斜坡发生滑移,不仅冲毁耕地,而且将新滩镇东柳林一带二十余间房屋推入长江。

《岩崩调查情况简报》,1980年

公元 1958 年 2 月

秭归新滩

鲤鱼山局部崩塌，将公社煤洞填平，死二人。

《长江西陵峡北岸新滩黄岩地区稳定性调查研究报告》，1982 年

公元 1964 年 3 月

秭归新滩

1964 年 3 月，因连续暴雨，九盘山、广家崖发生大规模崩塌。

《岩崩调查情况简报》，1980 年

公元 1975 年 1 月 27 日

恩施大山顶

1975 年 1 月 27 日在恩施县西北大山顶周围 100 余平方公里的范围内地裂缝。裂缝断续出现在山坡平地的雪层中，呈张性，长度数米至数十米不等，宽度 1～2 厘米，一般近南北向。1 月 27 日上午，当地部分人听到地下响声，并感到地面有轻微颤动，2 月 6 日、11 日、19 日也听到轻微响声。经调查，雪地裂缝处均出露三叠系大冶灰岩，喀斯特现象发育，溶洞及地下暗河分布普遍，其中地表可见的溶洞或天坑之长轴，多呈南北向延伸。

《恩施县大山顶陷落地震调查报告》，1975 年

公元 1975 年 8 月 8 日—10 日

秭归、长阳

1975 年 8 月 8 日—10 日，秭归县杨林、群力、西陵、两河、郭家坝

和长阳都镇湾、贺家坪、资坵、榔坪等区遭到百年未遇到的大雨,导致山洪暴发,山崩地裂,造成人畜伤亡,房屋田园冲毁,公路桥梁中断等严重灾害。地裂缝分布最为普遍,裂缝长度由数十米至数千米不等,宽度0.1～0.5米,可见深度2米至数十米。滑坡、崩塌、塌陷多处,还有小型泥石流、暗河改道和塌陷地震等。长阳县都镇湾区西阴公社一带和秭归县杨林区一些地方,8月9日上午10—11点钟,人们听到地下发出响声,感到地面颤动,热水瓶被震倒,地上水起波纹,屋上瓦动并有掉落者,有感面积约33平方公里。9日这天,震动和响声的次数最多,一直延续到17日。

《秭归长阳部分地区地裂、滑塌与地震调查报告》,1975年

公元1977年4月20日

秭归新滩

九盘山、广家崖一带崖崩,崩塌量约3万立方米。

《秭归县新滩广家崖岩崩调查报告》,1981年

公元1979年7月8日

宜都潘家湾

宜都县潘家湾公社山峰大队茶园坡一带,1979年7月8日暴雨之后地面裂缝,地裂缝发生在第四系砂质黏土层的松散堆积物中,顺坡向裂开,走向北东60°,裂缝最大长度20米,宽度0.3米,断断续续,尖灭再现,总长度约一公里。

《宜都县潘家湾公社山峰大队地裂调查》,1979年

公元 1980 年 4 月 13 日 04 时 55 分

秭归新滩

今年四月十三日凌晨四时五十五分，在高程 500～550 米的新滩镇北岸鲤鱼山危岩区茅草岭地段，突然发生局部崩塌，规模约 600 立方米，时间连续 1 小时，大量崩石顺滑槽滚入新滩镇西石灰窑石料场，其中四块崩石（大者 3 立方米，小者 1.5 立方米）跃过山梁，蹦至新滩镇西居民住地附近，碰坏树木和猪圈一角。

《岩崩调查情况简报》，1980 年

公元 1980 年 6 月 3 日 05 时 35 分

远安县盐池

一九八〇年六月三日晨五时三十五分，在远安县盐池磷矿区（北纬31°31′、东经 118°18′）发生山崩，堆积体最厚约 38 米，一般厚约 20 米，土石方总量约 100 万立方米。此次山崩，计有 284 人死亡，盐池河磷矿矿务局房屋、坑口建筑物、库存物资，全部被摧毁，采矿设备部分被摧毁。当日五时四十分，宜昌窑湾、下堡坪地震台，均记录到由此次山崩引起的地震，震级为 Ms=1.4 级。

《远安县盐池磷矿山崩原因的初步分析》，1980 年

公元 1980 年 7 月 21 日 18 时 28 分

秭归新滩

在秭归县新滩镇鲤鱼山危岩区茅草岭地段，七月二十一日下午六时二十八分，又发生两块分化石的局部崩落，规模约 90 立方米。

《岩崩调查情况简报》，1980 年

公元 1981 年 1 月 10 日

郧县(今十堰市郧阳区)

郧县细峪公社老虎山裂缝 21 条,最长达 67 米,最宽达 1.6 米,深度无法测量。山裂面积约 300 亩,裂缝与岩石走向一致(北东东—南南西)。老虎山地处丹江水库边缘,三面环水,在上寺断裂与汉江断裂带之间,由石灰岩、砂浆石、片麻岩、石英砂岩组成,属于断裂破碎带,整个山体结构松散。

《郧县细峪公社胜利一队山裂情况调查》,1981 年

公元 1981 年 11 月 30 日 15 时 45 分

秭归新滩

一九八一年十一月三十日下午三时四十五分,在北岸广家崖发生崩塌,约 1 020 方,未造成危害。

《一九八一年西陵峡岩崩调查工作情况报告》,1981 年

公元 1982 年 3 月 25 日

秭归新滩

青滩北岸,广家崖危岩体于一九八二年三月二十五日发生崩塌。

《广家崖危岩体崩塌简报》,1982 年

公元 1983 年 9 月 20 日

保康马良坪

1983 年 9 月 20 日保康马良坪陈家湾、南垭一带,多处山地裂缝、两处山坡滑动,捣毁水旱田 30 余亩,土方结构瓦房 20 余间。

《关于马良坪山坡滑动及地裂缝的情况调查报告》,1983年

公元1985年6月12日03时45分

秭归新滩北

1985年6月12日03时45分—04时20分,秭归新滩北坡发生的巨型崩滑,为自上而下的整体滑移。新滩镇全部被摧毁。当崩滑之时,一声巨响,滚石如潮,凌空飞泻,顷刻入江,激起涌浪54米,将对岸高程92米的一座仓库和一片柑橘林卷入江心。浪头波及上下游江段约42公里。上游香溪、卜庄河一带(距新滩4公里),浪高7米,至秭归县城处(距新滩15.5公里),余浪仍高1米。初步调查结果,崩滑的土石总方量约3 000万立方米,其中入江的土石方量约200万立方米。从西侧沟漕冲入长江的土石所形成的滑舌长约93米,堵塞江面三分之一。东下部伸入江中的滑舌长约70米,土石沿头滩冲到南岸,垫高了航道,致使原已改善的险滩,再次成为长江汛期的一等滩。初步统计:摧毁房屋1 569间,农田780亩,柑橘树3.45万株,柑橘树苗50万株;涌浪冲翻和击沉新滩上下游8公里内停泊的机动船13艘,木船64条,船上人员失踪2人,死10人,伤8人。

新滩滑坡位于新滩、姜家坡、广家崖坡脚一线,原为多级古滑坡体,北高南低,呈南北向展布。北缘高程910米,南缘至江边为70米,坡长2公里,北窄(约300米)南宽(沿江约1 000米)成扁形,面积约1平方公里。一般厚度30～40米,个别地段达86米。此滑坡自1964年的一次较大规模崩塌后,裂缝渐变,1982年呈现古滑坡复活,1983年出现整体滑移趋势,1984年具备整体滑移的边界条件,1985年1月至6月11日,崩滑前兆日益明显。1983年8月,省政府批转了《新滩北岸边坡稳定性评价会议纪要》,并拨给新滩镇搬迁费50万元。1985年5月9日,湖北省西陵峡岩崩调查工作处发出险情预报,秭归县政府在新滩附近设立了抢险指挥部,着手组织群众搬迁。

临崩滑的前兆:(1)6月9日,滑体后缘吹热风,姜家坡西部喷水、冒沙;(2)6月10日,小崩滑不断发生,规模渐大;(3)6月11日,坡体前缘鼓胀、剪出、潮湿;(4)地表急剧变形,观测数据反映位移和沉降速度加快。据此,西陵峡岩崩调查工作处于6月11日下午5时发出急电,预报大滑在即。当天下午6时半,险区戒严,江道封航。由于预报及时,地方政府重视,措施果敢有力,使得新滩镇457户,1 371人无一伤亡,11艘过往的长江客轮,抛锚停航于险区警戒线之外。

新滩滑坡原为西陵峡岩崩区六大隐患之一。这次大崩滑发生后,其后缘广家崖80万方危岩体的弧形裂缝,18天内,向东拉裂下沉4米,表明此处正处于新的平衡调整过程中,隐患仍未消除。

国家地震局地震研究所科技处《业务动态·19》,1985年8月20日

【按】

参照原湖北省科委《西陵峡岩崩调查处成功预报新滩大型滑坡的情况调查工作汇报》(1985年7月20日)和湖北省西陵峡岩崩调查工作处《新滩滑坡及监测预报》(1985年12月)等资料,对原国家地震局地震研究所科技处《业务动态·19》所载原文,作过删节和补充。《人民日报》(1985年6月15日)、《长江日报》(1985年6月17日)、《湖北日报》(1985年6月13日—6月15日)亦有新滩大崩滑的报道。

附录三　地震简目和地震震中分布图

1959—1985 年 $M_s \geq 2.5$ 级地震简目

编号	日期			发震时刻（北京时间）			震中位置			震级
	年	月	日	时	分	秒	北纬	东经	地点	
1	1959	9	19	20	41	12	32°30′	110°00′	竹山文峪公社更家湾	2.6
2	1959	11	29	03	33	47	33°05′	110°00′	郧西上津镇西南	2.6
3	1960	2	5	09	30	13	31°06′	113°33′	应城杨家河西	3.5
4	1960	3	14	14	56	31	32°24′	111°49′	光化竹林桥西	2.5
5	1960	4	14	10	56	56	31°15′	112°04′	荆门栗溪公社胡湾	2.9
6	1960	6	16	01	44	49	29°55′	110°00′	鹤峰县城西北	3.0
7	1960	12	28	12	19	25	31°22′	113°35′	安陆青龙西	2.8
8	1961	3	3	03	54	03	32°05′	112°26′	襄阳张集	3.2
9	1961	3	8	03	00	47	30°17′	111°12′	宜都潘家湾北	4.9
10	1961	12	15	10	20	41	30°23′	109°13′	恩施木贡南	3.1
11	1962	3	16	12	16	39	31°12′	113°39′	安陆县城西南	3.5
12	1962	4	2	20	55	00	30°49′	113°15′	天门长寿北	2.8
13	1962	4	6	13	58	55	31°14′	113°39′	安陆县城西南	2.6
14	1962	10	28	04	19	29	30°34′	113°10′	天门新堰东	3.1
15	1964	4	12	19	45	00	33°06′	110°36′	郧西何家井东南	3.2

续表

编号	日期			发震时刻(北京时间)			震中位置			震级
	年	月	日	时	分	秒	北纬	东经	地点	
16	1964	6	15	17	04	56	33°11′	110°39′	郧西何家井东	4.0
17	1964	7	12	19	45	30	31°46′	111°46′	南漳县城西	2.5
18	1964	8	27	06	55	35	31°52′	111°07′	保康县城西	2.6
19	1964	9	5	15	49	03	33°05′	110°39′	郧县大柳西北	4.9
20	1964	9	7	14	37	33	33°05′	110°36′	郧西何家井东南	2.9
21	1964	9	22	01	25	22	31°07′	112°13′	荆门子陵铺南	2.6
22	1964	11	5	02	57	43	33°00′	110°33′	郧西安家河东南	2.9
23	1965	6	3	17	09	39	32°04′	112°12′	襄阳张湾镇东南	2.5
24	1965	6	26	00	38	46	31°25′	112°04′	荆门仙居公社东	3.1
25	1965	9	28	19	40	46	30°04′	108°56′	利川纳水溪东南	3.3
26	1965	9	29	07	40	09	30°05′	108°52′	利川纳水溪南	3.0
27	1966	4	18	08	47	15	30°16′	112°29′	江陵岑河口东	2.9
28	1967	8	3	07	48	44	30°17′	108°49′	利川县城西南	3.4
29	1968	1	7	08	02	15	31°00′	112°34′	钟祥罗汉寺西	2.8
30	1969	1	2	09	45	03	31°29′	111°24′	保康马良坪东南	4.8
31	1969	6	8	09	00	04	33°08′	110°59′	郧县南化	2.9
32	1969	10	19	08	05	53	30°32′	112°02′	江陵马山北	2.5
33	1970	10	14	20	57	38	31°12′	112°32′	钟祥皇庄西	4.0
34	1971	2	27	13	08		32°30′	110°48′	十堰东南	2.6
35	1971	6	17	10	17	02	31°06′	111°47′	远安瓦仓北	3.2

续表

编号	日期			发震时刻（北京时间）			震中位置			震级
	年	月	日	时	分	秒	北纬	东经	地点	
36	1971	7	14	04	33	06	31°05′	111°47′	远安瓦仓	3.1
37	1971	10	18	14	18	37	32°07′	111°40′	谷城黄畈西南	2.6
38	1971	10	20	07	19	12	32°07′	111°39′	谷城黄畈西南	3.0
39	1971	10	21	10	06	18	32°07′	111°40′	谷城黄畈西南	2.6
40	1971	12	14	14	47	23	31°08′	111°42′	远安县城东北	2.8
41	1972	3	13	09	42	01	30°54′	110°48′	秭归周坪	3.3
42	1972	4	3	04	54	04	32°35′	111°40′	光化林茂山	3.5
43	1972	9	12	14	48	11	29°54′	115°27′	广济县田镇东南	4.0
44	1973	4	30	21	04	57	30°46′	112°08′	荆门张家场南	3.3
45	1973	10	10	10	45	50	30°57′	112°32′	荆门县城东南	3.9
46	1974	2	12	12	34	45	30°21′	109°10′	利川团堡寺东北	2.5
47	1974	2	12	14	01	00	30°26′	109°10′	恩施沐抚西	2.9
48	1974	3	7	00	41	08	30°01′	114°02′	嘉鱼县城东	3.8
49	1974	3	7	02	28	13	30°01′	114°02′	嘉鱼县城东	3.9
50	1974	7	4	12	55	35	31°10′	113°24′	京山马河东南	2.5
51	1974	8	31	05	22	56	31°12′	111°33′	远安洋坪公社双路	2.9
52	1976	5	4	18	26	43	29°47′	113°30′	洪湖新堤南	2.8
53	1977	7	7	22	47	28	32°06′	111°17′	谷城财庙东	2.9
54	1977	7	20	17	09	16	33°00′	109°55′	郧西泥沟北	3.0
55	1977	8	3	22	50	26	31°30′	114°01′	大悟县城南	3.0

续表

编号	日期			发震时刻(北京时间)			震中位置			震级
	年	月	日	时	分	秒	北纬	东经	地点	
56	1977	8	6	01	26	06	32°39′	111°33′	均县县城北	3.8
57	1979	5	22	06	46	58	31°06′	110°28′	秭归龙会观西北	5.1
58	1979	8	3	11	39	39	31°09′	112°03′	荆门姚河东南	2.8
59	1980	7	15	00	40	28	31°55′	112°43′	枣阳熊集东	2.5
60	1981	7	5	23	09	24	30°53′	111°38′	当阳峡口、三桥	3.8
61	1982	3	11	18	48	51	33°11′	110°28′	郧西安家公社松树沟	4.4
62	1983	2	25	18	27	25	31°07′	112°01′	荆门罗集	3.0
63	1983	3	24	02	43		30°46′	111°56′	当阳玉泉寺	2.8
64	1985	1	13	21	58	03	31°09′	112°38′	钟祥县城东南	3.1
65	1985	2	3	01	58	47	30°45′	111°51′	当阳玉泉寺	3.2
66	1985	9	14	12	08		33°04′	109°47′	郧西关防东南	2.9

1959—1985年Ms≥2.5级地震震中分布图

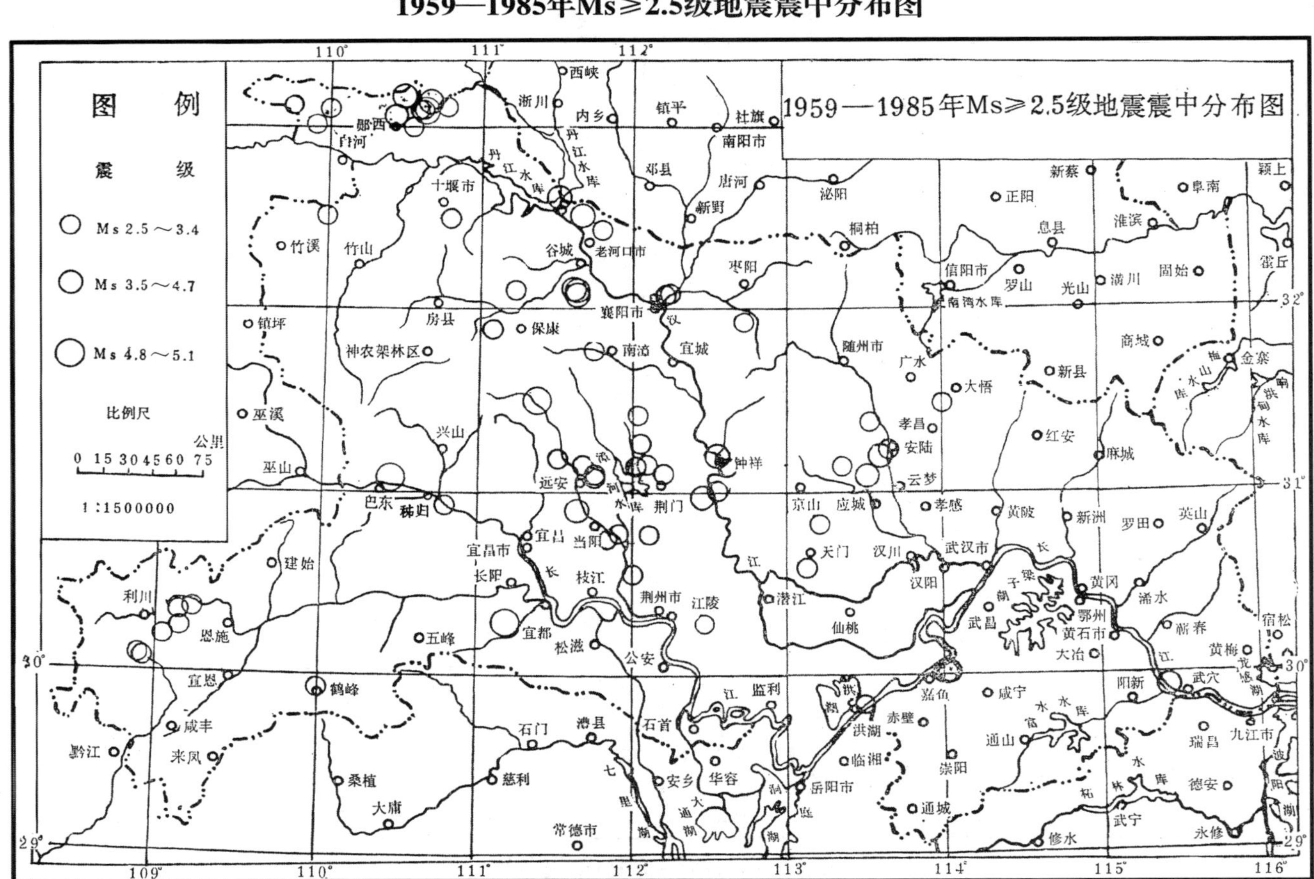

湖北省中强震震中分布图

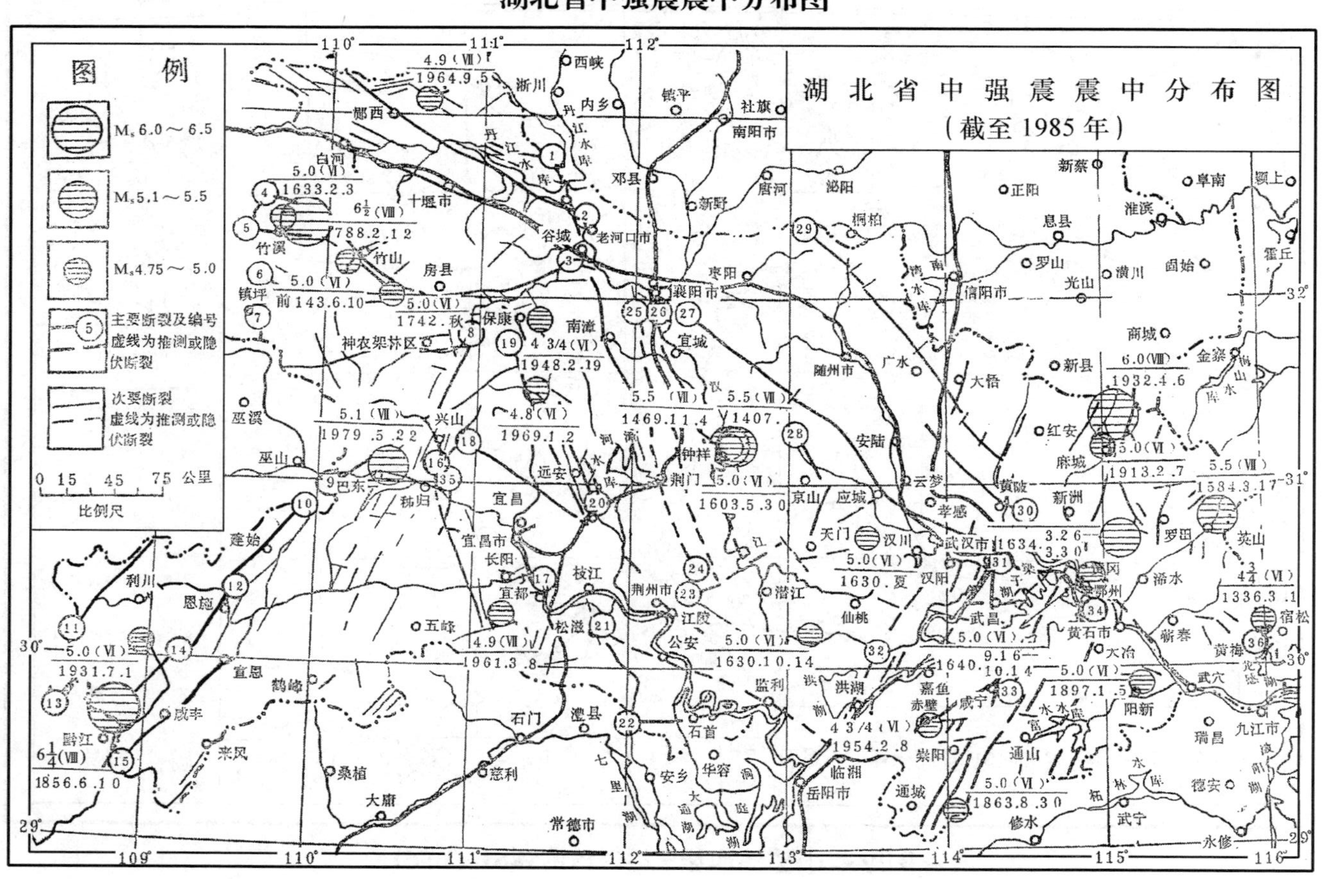

湖北省中强震震中分布图中的断裂编号

①上寺断裂　②均郧断裂　③白河—谷城断裂　④安康—房县断裂　⑤竹溪断裂　⑥曾家坝断裂
⑦青峰断裂　⑧新华断裂　⑨秭归盆地西缘断裂　⑩建始断裂　⑪齐岳山断裂　⑫恩施断裂
⑬郁山镇断裂　⑭黄金洞断裂　⑮咸丰断裂　⑯仙女山断裂　⑰天阳坪断裂　⑱雾渡河断裂
⑲远安地堑西缘断裂　⑳远安地堑东缘断裂　㉑公安—监利断裂　㉒石首断裂　㉓老泗港断裂
㉔荆门—南漳断裂　㉕武安—石桥断裂　㉖胡集—沙洋断裂　㉗襄樊—广济断裂　㉘汤池断裂
㉙桐柏—蔡店断裂　㉚黄陂断裂　㉛长江断裂　㉜沙湖—湘阴断裂　㉝麻城—团风断裂
㉞巴河断裂　㉟九湾溪断裂　㊱郯庐断裂

湖北省中强地震(Ms≥$4\frac{3}{4}$级)简目(截至1985年)

编号	地震日期	发震时刻 时 分 秒	震中位置 地点	 北纬	 东经	震级	震中烈度	震源深度 (千米)	备考
1	公元前143年6月10日(汉景帝后元年五月初九日)		竹山西南	32°12′	110°09′	5	Ⅵ		
2	788年2月12日(唐贞元四年正月初一日)		竹山西北	32°23′	109°52′	$6\frac{1}{2}$	Ⅷ		震中位置暂定
3	1336年3月1日(元至元二年正月十八日)		黄梅东北	30°14′	116°00′	$4\frac{3}{4}$	Ⅵ		
4	1407年(明永乐五年)		钟祥	31°12′	112°36′	$5\frac{1}{2}$	Ⅶ		
5	1469年11月4日(明成化五年十月初一日)		钟祥	31°12′	112°36′	$5\frac{1}{2}$	Ⅶ		
6	1584年3月17日(明万历十二年二月初六日)		英山	30°48′	115°42′	$5\frac{1}{2}$	Ⅶ		
7	1603年5月30日(明万历三十一年四月二十日)	12	钟祥	31°12′	112°36′	5	Ⅵ		
8	1630年夏(明崇祯三年夏)		汉川西	30°42′	113°30′	5	Ⅵ		
9	1630年10月14日(明崇祯三年九月初九日)	14	沔阳西南	30°12′	113°12′	5	Ⅵ		

续表

编号	地震日期	发震时刻 时 分 秒	震中位置 地点	北纬	东经	震级	震中烈度	震源深度 （千米）	备考
10	1633年2月3日（明崇祯五年十二月二十五日）		竹溪	32°24′	109°42′	5	Ⅵ		
11	1634年3月26日—3月30日（明崇祯七年二月二十七日—三月初二日）		黄冈东北	39°42′	115°06′	$5\frac{1}{2}$	Ⅶ		
12	1640年9月16日—10月14日（明崇祯十三年八月）		黄冈	30°30′	114°54′	5	Ⅵ		
13	1742年秋（清乾隆七年秋）		房县西	32°00′	110°26′	5	Ⅵ		
14	1856年6月10日（清咸丰六年五月初八日）	08	咸丰大路坝	29°41′	108°45′	$6\frac{1}{4}$	Ⅷ	8	
15	1863年8月30日（清同治二年七月十七日）		通城东南	29°12′	114°06′	5	Ⅵ		
16	1897年1月5日（清光绪二十二年十二月初三日）	04	阳新	29°54′	115°14′	5	Ⅵ		
17	1913年2月7日（民国二年正月初二日）		麻城	31°12′	115°00′	5	Ⅵ		

续表

编号	地震日期	发震时刻	震中位置			震级	震中烈度	震源深度	备考
		时 分 秒	地点	北纬	东经			(千米)	
18	1931年7月1日(民国二十年五月十六日)	15-48-39	利川清坪	30°06′	108°58′	5	Ⅵ	13.5	
19	1932年4月6日(民国二十一年三月初一日)	17-11-18	麻城黄土岗	31°22′	115°04′	6	Ⅷ	13	
20	1948年2月19日(民国三十七年正月初十日)		保康黄化	31°54′	111°24′	$4\frac{3}{4}$	Ⅵ		
21	1954年2月8日	04-57-56	蒲圻县东	29°42′	113°54′	$4\frac{3}{4}$	Ⅵ	8	
22	1961年3月8日	03-00-47	宜都潘家湾北	30°17′	111°12′	4.9	Ⅶ	14	
23	1964年9月5日	15-49-03	郧县大柳西北	33°05′	110°39′	4.9	Ⅶ	9	
24	1969年1月2日	09-45-03	保康马良坪东南	31°29′	111°24′	4.8	Ⅵ	14	
25	1979年5月22日	06-46-58	秭归龙会观西北	31°06′	110°28′	5.1	Ⅶ	16	

附录四　地震史料分县索引

本索引的数码，是本书的页码。历史破坏性地震和中华人民共和国成立以后有地震台网记录的地震（153 页以后）震中所在地，页码下加线表示。其他如泛记地震、外省地震波及和震中地点不明确的地震记载，由查阅者自行选择使用。

参考文献辑要

一、正史、别史、杂记、诗文集

书名	纂修者	版本年代
史记	（汉）司马迁	中华书局1959年点校本
汉书	（东汉）班固	中华书局1962年点校本
后汉书	（南朝宋）范晔	中华书局1965年点校本
三国志	（晋）陈寿	中华书局1959年点校本
晋书	（唐）房玄龄	中华书局1974年点校本
宋书	（梁）沈约	中华书局1974年点校本
梁书	（唐）姚思廉	中华书局1973年点校本
旧唐书	（后晋）刘昫	中华书局1975年点校本

续表

书名	纂修者	版本年代
新唐书	(宋)欧阳修 宋祁	中华书局1975年点校本
旧五代史	(宋)薛居正	中华书局1975年点校本
新五代史	(宋)欧阳修	中华书局1974年点校本
宋史	(元)脱脱	中华书局1977年点校本
元史	(明)宋濂	中华书局1976年点校本
明史	(清)张廷玉	中华书局1975年点校本
清史稿	(民国)赵尔巽	中华书局1976年点校本
资治通鉴	(宋)司马光	商务印书馆民国六年铅印本
续资治通鉴长编	(宋)李焘	(清)光绪刻本
太平御览	(宋)李昉	中华书局1960年影印宋刻本
册府元龟	(宋)王钦若	中华书局1960年影印明刊本
明实录	(明)姚广孝	江苏国学图书馆影印本
明实录		台湾"中央研究院"1966年校勘本
明实录附录		台湾"中央研究院"1966年校勘本
清实录		通行影印本

续表

书　名	纂　修　者	版本年代
唐会要	（宋）王溥	中华书局 1955 年重印 商务国学基本丛书本
皇明大政记	（明）朱国桢	（明）刻本
国朝典汇	（明）徐学聚	（明）刻本
历志	（明）周乃祺	（明）宗祯七年刻本
国榷	（明）谈迁	中华书局 1958 年印本
续藏书	（明）李贽	中华书局 1957 年印本
明通鉴	（清）夏燮	中华书局 1959 年点校本
十国春秋	（清）吴任臣	（清）乾隆八年刊本
新元史	（清）柯劭忞	民国二十六年六月初版
通志	（南宋）郑樵	（清）光绪二十七年刻本
续通志	（清）乾隆敕撰	商务印书馆民国二十六年
文献通考	（元）马端临	（清）咸丰九年印本
续文献通考	（明）王圻	（明）万历刻本
钦定续文献通考	（清）乾隆敕撰	（清）光绪二十七年图书集成局校印
古今图书集成	（清）蒋廷锡	（清）光绪铅印本
奇闻类记	（明）施显卿	涵芬楼影印万历丁巳刻本
绥寇纪略	（清）吴伟业	（清）嘉庆甲子照旷阁重刊本

续表

书　名	纂　修　者	版　本　年　代
罪惟录	(清)查继佐	上海涵芬楼影印手稿本
二申野录	(清)孙之騄	(清)光绪辛丑年吟香馆刻本
东华续录	(清)朱寿朋	(清)宣统元年铅印本
虞初支志	(民国)王葆心	民国十一年印本
吴船录	(宋)范成大	商务印书馆民国二十六年排印本
入蜀记	(南宋)陆游	
蜀道驿程记	(清)王士正	
蜀輶日记	(清)陶澍	(清)光绪七年版本
梦溪笔谈	(宋)沈括	文物出版社 1975 年影印元刊本
烛湖集(上邱文定公书)	(宋)孙应时	(清)嘉庆八年重刊本
荣木堂诗集	(明)陶汝鼐	民国九年刻本
陈忠裕全集(年谱)	(清)陈忠裕	(清)乾隆四十一年刊本
朱文学公集·诗	(清)朱士彦	(清)同治光绪年间刻本
白茅堂集	(清)顾景星	(清)宣统三年刊本
钟祥文征		民国版本
潜庐类语	(清)甘鹏云	民国辛未二月崇雅堂本
潜园全集	(清)魏元旷	民国元年版本

二、地 方 志

书名	纂修者	版本年代	收藏单位
湖广图经志书		(明)正德、嘉靖间刻本	湖北省图书馆
湖广通志	薛纲纂修,吴廷举续修	(明)嘉靖元年刻本	天一阁
湖广总志	徐学谟纂修	(明)万历四年刻本	湖北省图书馆
湖广通志	徐相国等修,宫梦仁等纂	(清)康熙二十三年刻本	湖北省图书馆
湖广通志	迈柱等修,夏力恕等纂	(清)雍正十一年刻本	中国科学院文献情报中心
湖北通志	吴熊光等修,陈诗等纂	(清)嘉庆九年刻本	湖北省图书馆
湖北通志未成稿	章学诚纂	(清)嘉庆间纂	中国国家图书馆
湖北通志检存稿	章学诚纂	(清)嘉庆间纂	中国国家图书馆
湖北通志稿	杨守敬纂	(清)光绪间初稿本	湖北省图书馆
湖北通志	洪良品纂	(清)光绪间稿本	湖北省图书馆
湖北通志	杨承禧修,张仲炘纂	民国十年铅印本	湖北省图书馆
湖北下荆南道志	鲁之裕修,靖道谟纂	(清)乾隆五年刻本	湖北省博物馆
		(清)嘉庆二十一年补刻乾隆五年本,光绪十九年重印本	中国国家图书馆
湖北乡土地理教科书	陈庆楼编	(清)光绪三十一年铅印本	武汉图书馆

续表

书名	纂修者	版本年代	收藏单位
武昌府志	杜毓秀纂修	(清)康熙二十二年钞本	中国国家图书馆
湖广武昌府志	斐天锡修,罗人龙纂	(清)康熙二十六年钞刻合订本	湖北省图书馆
		(清)康熙三十四年朱昌绪补刻本	上海图书馆
武昌要览	文士元修	民国二十年纂十四年铅印本	湖北省图书馆
江夏县志	马仲骏纂	(清)康熙二十二年钞本	中国国家图书馆
江夏县志	刘朝英纂修	(清)康熙五十三年刻合订本	上海辞书出版社
江夏县志	潘采鼎修,刘宗贤纂	(清)康熙六十一年刻本	中国国家图书馆
江夏县志	陈元京纂修	(清)乾隆五十九年刻本	中国国家图书馆
江夏县志	王廷祯修,彭嵩毓纂	(清)同治八年刻本	上海辞书出版社
		民国七年重刊同治八年本	武汉图书馆
汉阳府志	贾应春修,朱衣纂	(明)嘉靖二十五年刻本	中国科学院文献情报中心
汉阳府志	陈国儒修,李宁仲纂	(清)康熙八年钞本	江苏地理研究所图书资料室
汉阳府志	陶士偰修,刘湘煃纂	(清)乾隆十二年刻本	故宫博物院图书馆
汉阳县志	刘嗣孔修,刘湘煃纂	(清)乾隆十三年刻本	中国国家图书馆
汉阳县志	多容安等修,邵翔等纂	(清)嘉庆二十三年刻本	湖北省图书馆
续辑汉阳县志	黄式度修,王柏心纂	(清)同治七年刻本	湖北省图书馆
同治汉阳县志	许盛春修,张行简撰	(清)光绪十年刻本	湖北省图书馆

续表

书名	纂修者	版本年代	收藏单位
汉阳县识	张行简纂	(清)光绪九年刻本,十五年改刻本	湖北省图书馆
鹦鹉洲小志	胡凤丹纂	(清)同治十三年刻本	武汉大学图书馆
夏口县志	侯祖畬修,吕演东纂	民国九年刊本	湖北省图书馆
汉口小志	徐焕斗修纂	民国四年铅印本	湖北省图书馆
汉口丛谈	范锴修	民国二十二年铅印本	湖北省博物馆
续汉口丛谈	王葆心撰	民国二十二年铅印本	湖北省博物馆
孝感县志	张擢士修,沈宜纂	(清)顺治间刻本	中国国家图书馆
孝感县志	胡国佐修纂	(清)康熙十二年刻本	中国国家图书馆
孝感县志	梁凤翔修,李湘等纂	(清)康熙三十四年刻本	中国科学院文献情报中心
		(清)嘉庆十六年重刊本	湖北省博物馆
续补孝感县志	佚名	(清)光绪五年刻本	中国国家图书馆
孝感县志续	王进祖纂修	(清)嘉庆十八年刻本	湖北省博物馆
孝感县志	朱希白修,沈用增纂	(清)光绪八年刻本	湖北省图书馆
		民国三十二年翻印	湖北省博物馆
孝感县简志	湖北省方志纂修委员会	1958 年铅印本	湖北省博物馆
黄陂县志	李河图修,俞贡等纂	(明)嘉靖三十五年刻本	中国国家图书馆
黄陂县志	杨廷蕴纂修	(清)康熙五年刻本	上海图书馆
黄陂县志	刘昌绪修,徐瀛纂	(清)同治十二年刻本	湖北省图书馆

续表

书　名	纂修者	版本年代	收藏单位
		民国三十年重刊同治十二年本	湖北省博物馆
汉川县志	魏金榜纂修	(清)乾隆三十八年刻本	辽宁省图书馆
汉川县志	德廉等修,林祥瑗纂	(清)同治十二年刻本	湖北省图书馆
汉川图记	田宗汉修	(清)光绪二十一年刻本	湖北省图书馆
汉川县简志	湖北省方志纂修委员会	1959年铅印本	湖北省博物馆
汉川县系马区乡土志	涂筠编	民国十一年稿本	首都图书馆
云梦县志	陈梦舟修,张奎华纂	(清)康熙七年刻本	上海市图书馆
云梦县志	张岳崧修,程怀璟纂	(清)道光二十年刻本	中国国家图书馆
		(清)光绪九年重印本	南京市图书馆
续云梦县志	赓音布修,曾广浚纂	(清)光绪九年刻本	湖北省图书馆
应山县志	王朝遂修,颜木纂	(明)嘉靖十九年刻本,上海古籍书店1964年影印天一阁嘉靖本	天一阁
应山县志	周裕修,陈联璧纂	(清)康熙十二年刻本	中国国家图书馆
应山县志	周道源修,吴天锡纂	(清)同治十年刻本	湖北省图书馆
应城县志	樊司铎修,吴元馨纂	(清)康熙十年刻本	中国国家图书馆
应城县志	李可采纂修	(清)雍正四年刻本	湖北省图书馆
应城县志	奚大壮修,姚欢纂	(清)咸丰元年稿本	武汉大学图书馆
光绪应城志	罗湘、陈豪修、王承禧纂	(清)光绪八年刻本	浠水县博物馆

续表

书　　名	纂　修　者	版本年代	收藏单位
应城县简志	湖北省方志编纂委员会	1959年铅印本	湖北省博物馆
德安府志	马龠纂修	(明)正德十二年刻本	天一阁
鼎修德安府全志	傅鹤祥修,李士纮纂	(清)康熙二十四年钞本	中国国家图书馆
德安府志	赓音布修,刘国光等纂	(清)光绪十四年刻本	湖北省图书馆
德安安陆郡县志	沈会霖纂修	(清)康熙五年刻本	中国国家图书馆
安陆县志	王履谦修,李廷锡纂	(清)道光二十三年刻本	湖北省图书馆
安陆县志补	陈廷钧修	(清)同治十一年刻本	湖北省图书馆
黄州府志	卢希哲纂修	(明)弘治十三年刻本	天一阁
黄州府志	苏良嗣纂修	(清)康熙二十四年刻本	湖北省图书馆
黄州府志	王勍修,靖道谟纂	(清)乾隆十四年刻本	湖北省图书馆
黄州府志	英启纂修	(清)光绪十年刻本	湖北省图书馆
黄州府志拾遗	沈致坚纂修	(清)宣统二年铅印本	湖北省图书馆
黄冈县志	茅瑞徵修,吕元音纂	(明)万历三十六年刻本	中国国家图书馆
黄冈县志	董元俊修,孙锡蕃纂	(清)康熙十二年钞本	中国国家图书馆
黄冈县志	蔡韶清修,胡绍鼎纂	(清)乾隆二十四年刻本	湖北省博物馆
黄冈县志	王正常续修	(清)乾隆五十四年刻本	湖北省图书馆
黄冈县志	俞昌烈修,谢炎等纂	(清)道光二十八年刻本	武汉大学图书馆
黄冈县志	戴昌言修,刘恭冕纂	(清)光绪八年刻本	湖北省图书馆

续表

书　名	纂修者	版本年代	收藏单位
黄冈乡土志	胡铸鼎编	民国初年稿本	中国国家大学图书馆
黄冈赤壁集	汪燊纷编	民国二十一年刊本	湖北省博物馆
黄安初乘	耿定向纂修	(明)万历十三年刻本	中国国家图书馆
		(清)康熙四年第四次增刻本	
黄安县志	刘承启修,詹大擢纂	(清)康熙三十六年刻本	中国科学院文献情报中心(胶卷)
黄安县志	林缙光纂修	(清)道光二年刻本	中央民族大学图书馆
黄安县志	朱锡绶修,张家俊等纂	(清)同治八年刻本	湖北省图书馆
黄安县志	陈瑞澜、陶大夏修,吴言昌等纂	(清)光绪八年增刻本	湖北省图书馆
黄安乡土志	陈沣编	(清)宣统元年铅印本	湖北省图书馆
麻城县志	屈振奇修,王汝霖纂	(清)康熙九年刻本	中国国家图书馆
麻城县志	黄书绅纂修,章学诚裁定	(清)乾隆六十年刻本	故宫博物院图书馆
麻城县志	郑庆华修,潘颐福纂	(清)光绪三年刻本	中国国家图书馆
麻城县志	陆裕勒等重纂	(清)光绪八年刻本	浠水县博物馆
麻城县志前编、续编	郑重修,余晋芳纂	民国二十四年铅印本	湖北省图书馆
罗田县志	祝翊修,杨鸾等纂	(明)嘉靖二十二年刻本,民国十五年铅印本	武汉大学图书馆
罗田县志	蔡容远纂修	(清)康熙四年钞本	中国国家图书馆

续表

书名	纂修者	版本年代	收藏单位
罗田县志	张琳修，刘青震纂	(清)康熙五十七年刻本	中国国家图书馆
罗田县志	管贻葵修，陈锦纂	(清)光绪二年刻本	湖北省图书馆
蕲水县志	肖璞等纂修	(明)嘉靖二十六年刻本，上海古籍书店1963年影印北京图书馆嘉靖本	湖北省图书馆
蕲水县志	刘佑修，杨继经纂	(清)顺治十四年刻本	中国科学院文献情报中心
续修蕲水县志	李振宗纂修	(清)康熙二十三年刻本	中国国家图书馆
蕲水县志	邵应龙修	(清)乾隆二十三年钞本	故宫博物院图书馆
蕲水县志	高举修，徐养忠纂	(清)乾隆五十九年刻本	故宫博物院图书馆
蕲水县志	多祺修，王鸿举纂	(清)光绪六年刻本	湖北省图书馆
蕲水县简志	浠水县方志纂修委员会	1959年铅印本	湖北省图书馆
蕲州志	甘泽纂修	(明)嘉靖九年修，十五年补刻本，上海古籍书店1962年影印天一阁嘉靖本	湖北省图书馆
蕲州志	王宗尧修，卢纮纂	(清)康熙四年刻本	中国国家图书馆
蕲州志	钱鋆修，周茂建纂	(清)乾隆二十年刻本	中国国家图书馆
蕲州志	潘克溥纂修	(清)咸丰二年刻本	湖北省博物馆
蕲州志	封蔚礽修	(清)光绪八年刻本	湖北省图书馆
黄梅县志	徐昱修，肖蕴枢纂	(清)顺治十七年刻本	中国国家图书馆

续表

书名	纂修者	版本年代	收藏单位
黄梅县志	薛乘时修,沈元寅纂	(清)乾隆五十四年,胡绍中重刻二十一年本	中国科学院文献情报中心
黄梅县志	覃瀚元、袁瓒修,宛名昌等纂	(清)光绪二年刻本	湖北省图书馆
黄梅县简志	湖北省方志纂修委员会	1958 年铅印本	湖北省博物馆
广济县志	黄玉铉修,王临纂	(清)康熙三年刻本	中国国家图书馆
广济县志	虞学灏纂修	(清)乾隆十七年刻本	上海图书馆
广济县志	黄恺修,陈诗纂	(清)乾隆五十八年刻本	故宫博物院图书馆
广济县志	朱荣实修,刘铎纂	(清)同治十一年活字本	湖北省图书馆
广济县志	湖北省方志纂修委员会	1959 年铅印本	湖北省博物馆
英山县志	刘五龙纂修	(清)康熙十九年钞本	中国国家图书馆
英山县志	刘五龙纂修	(清)康熙二十三年刻本	中国国家图书馆
英山县志	张海修,姚之琅纂	(清)乾隆二十一年刻本	故宫博物院图书馆
英山县志	万年淳纂修	(清)道光三年补刻本	上海图书馆
英山县志	李文泉纂修	(清)道光二十六年钞本	上海图书馆
重修英山县志	徐玉柯修,王熙勋纂	(清)同治九年活字本	江苏地理研究所
英山县志	徐锦修,胡鉴莹等纂	民国九年活字本	湖北省图书馆
咸宁县志	何廷韬修,王禹锡纂	(清)康熙四年刻本	中国国家图书馆
咸宁县志	何璟修,雷以诚等纂	(清)同治五年刻本	武汉大学图书馆

续表

书名	纂修者	版本年代	收藏单位
续辑咸宁县志	陈树楠修，钱光奎等纂	（清）光绪八年刻本	湖北省图书馆
咸宁县简志	湖北省方志纂修委员会	1958年铅印本	湖北省图书馆
兴国州志	唐宁修，林爱民纂	（明）嘉靖三十三年刻本	湖北省图书馆
兴国州志	杨遵原本，王之宾增修	（清）康熙十四年增刊四年本	中国国家图书馆
兴国州志	魏钿修，颜星纂	（清）雍正十三年刻本	故宫博物院图书馆
兴国州志	陈光亨纂修，王风池、刘凤伦续修	（清）光绪十五年刻本	湖北省博物馆
兴国州志补编	刘凤伦纂修	（清）光绪三十年刻本	湖北省博物馆
兴国州志补编	刘凤伦纂修	民国三十二年活字本	北京师范大学图书馆
大冶县志	赵鼐修，冷儒宗纂	（明）嘉靖十九年刻本	湖北省图书馆
大冶县志	谢锑修，胡绳祖纂	（清）康熙十一年钞本	中国国家图书馆
大冶县志	陈邦寄修，胡绳祖纂	（清）康熙二十二年刻本	中国国家图书馆
大冶县志	胡复初修，黄呐杰纂	（清）同治六年刻本	湖北省图书馆
大冶县志续编	林佐修，陈鳌纂	（清）光绪八年钞本	中国科学院文献情报中心
大冶县志后编	陈鳌纂修	（清）光绪二十三年刻本	湖北省图书馆
通山县志	任仲麟修，余廷志纂	（清）康熙四年刻本	中国国家图书馆
通山县志	罗登瀛修，乐纯青纂	（清）同治七年活字本	湖北省图书馆
通山县志	高振荣修，乐振玉纂	（清）光绪二十三年活字本	湖北省图书馆
通山县乡土志略	余六鳌编	民国七年稿本	北京大学图书馆

续表

书名	纂修者	版本年代	收藏单位
通城县志	盛治原本,丁克杨增修	(清)康熙十一年增刻顺治九年本	中国国家图书馆
通城县志	郑荧修,杜照明纂	(清)同治六年活字本	湖北省图书馆
嘉鱼县志	莫震纂修	(明)正统十四年刻本	中国国家图书馆
嘉鱼县志	李元震纂修	(清)康熙十年刻本	中国国家图书馆
重修嘉鱼县志	张其维修,李懋泗纂	(清)乾隆二年刻本	中国国家图书馆
嘉鱼县志	汪云铭修,万承保纂	(清)乾隆五十五年刻本	湖北省图书馆
嘉鱼县志	钟傅益修,俞焜纂	(清)同治五年刻本	湖北省图书馆
嘉鱼县志	方瀚纂修	(清)光绪十一年刻本	湖北省图书馆
嘉鱼县乡土志	佚名	清末钞本	中央民族大学图书馆
武昌县志	熊登纂修	(清)康熙十三年刻本	湖北省图书馆
武昌县志	邵遐龄纂修	(清)乾隆二十八年刻本	湖北省图书馆
武昌县志	钟桐山修,柯逢时纂	(清)光绪十一年刻本	湖北省图书馆
武昌县志稿	王家璧纂	(清)光绪间钞本	湖北省图书馆
寿昌乘	(宋)佚名纂,(清)文廷式辑	(清)光绪三十二年武昌柯氏息园刊印	北京大学图书馆
崇阳县志	高景之修,汪际炅纂	(清)康熙九年刻本	中国国家图书馆
崇阳县志	黄衮修,郭彦博纂	(清)乾隆六年刻本	中国国家图书馆
崇阳县志	高佐廷修,傅燮鼎纂	(清)同治五年活字本,光绪间刻本	南京图书馆
蒲圻县志	张圻隆修,龚逢烈纂	(清)康熙十二年刻本	中国国家图书馆

续表

书名	纂修者	版本年代	收藏单位
蒲圻县志	王云翔修，李曰瑚纂	（清）乾隆三年刻本	中国国家图书馆
蒲圻县志	劳光泰修，但传熹纂	（清）道光十六年刻本	中国国家图书馆
蒲圻县志	恩荣修，顾际熙纂	（清）同治五年刻本	湖北省图书馆
蒲圻县乡土志	宋衍锦编修	民同十二年铅印本	湖北省图书馆
荆州府志	孙存纂修	（明）嘉靖十一年刻本	南京图书馆
荆州卫志	王斌纂修	（清）康熙十二年刻本	中国国家图书馆
荆州右卫志	王大基纂修	（清）康熙二十二年刻本	中国国家图书馆
荆州府志	郭茂泰修，胡在恪纂	（清）康熙二十四年刻本	中国国家图书馆
荆州府志	叶仰高修，施延枢纂	（清）乾隆二十二年刻本	湖北省图书馆
荆州府志	倪文蔚修，顾嘉衡纂	（清）光绪六年刻本	湖北省图书馆
荆州府志稿	杨守敬纂修	（清）光绪间稿本	湖北省图书馆
沙市志略	王伯川纂，唐祖培校补	民国五年铅印本	上海图书馆
江陵志余	孔自来纂修	（清）顺治七年刻本	中国科学院文献情报中心（胶卷）
江陵志余	孔自来纂修	（清）道光四年重印顺治七年本	中央民族大学图书馆
江陵志余	孔自来修	（清）光绪间石印本	湖北省图书馆
江陵县志	佚名	（清）康熙三年抄本	中国国家图书馆
江陵县志	崔龙修，黄义尊纂	（清）乾隆五十九年刻本	湖北省图书馆

续表

书　　名	纂　修　者	版本年代	收藏单位
江陵县志刊误	刘士璋撰	(清)嘉庆五年刻本	武汉图书馆
江陵县志	蒯正昌修,邓承祥纂	(清)光绪三年刻本	湖北省图书馆
江陵乡土志	孚保修,邓宗禹纂	(清)宣统元年钞本	北京大学图书馆
荆门州志	徐天佑纂修	(明)万历间刻本	上海图书馆(胶卷)
荆门州志	徐天佑纂	(明)天启元年	湖北省图书馆
荆门州志	佚名	(清)康熙四年抄本	中国国家图书馆
荆门州志	舒成龙修,李法孟纂	(清)乾隆十九年刻本	湖北省图书馆
荆门直隶州志	王树勋修,廖士琳纂	(清)嘉庆十四年刻本	武汉大学图书馆
荆门直隶州志	黄昌辅修,王甲曾纂	(清)咸丰九年刻本	南京大学图书馆
荆门直隶州志	恩荣修,张圻纂	(清)同治七年刻本	湖北省图书馆
荆门州志	包世臣纂修	(清)宣统二年影印本	南京大学图书馆
月山乡土志	杨廷芳编	民国初年稿本	上海图书馆
承天大志	徐楷修,林燫纂	(明)钞本	北京大学图书馆
承天大志	徐楷修	(明)嘉靖四十五年刻本,民国间晒蓝印本	北京图书馆
兴都志	吴煌修,万远宜纂	(明)嘉靖二十一年刻本	上海图书馆
安陆府志	张尊德修,王吉人纂	(清)康熙六年刻本	湖北省图书馆
钟祥县志	程起鹏修,郑茂泰纂	(清)康熙五年刻本	中国国家图书馆
钟祥县志	高世荣修,李莲纂	(清)乾隆六年刻本	湖北省图书馆

续表

书名	纂修者	版本年代	收藏单位
钟祥县志	张琴修，杜光德纂	（清）乾隆六十年刻本	武汉大学图书馆
钟祥县志	孙福海纂修	（清）同治六年刻本	湖北省博物馆
钟祥县志	赵鹏飞修，李权纂	民国二十六年铅印本	湖北省图书馆
钟祥沿革考	李巽甫纂修	民国二十三年铅印本	湖北省博物馆
京山县志	吴游龙修，王演纂	（清）康熙十二年刻本	湖北省图书馆
京山县志	李庆霖修，曾宪德纂	（清）光绪八年刻本	湖北省图书馆
新修京山县志草例	李廉方纂修	民国二十六年铅印本	湖北省博物馆
京山新志	李廉方纂修	民国三十八年铅印本	湖北省博物馆
监利县志	蔺完瑝修，潘世标纂	（清）顺治九年刻本	中国国家图书馆
监利县志	郭徽祚纂修	（清）康熙四十一年钞本	故宫博物院图书馆
监利县志	王瑞芝修，王柏心纂	（清）同治十一年刻本	湖北省图书馆
		（清）光绪三十四年重刊同治十一年本	上海辞书出版社
石首县志	卫胤嘉修，王章纂	（清）康熙十一年钞本	上海图书馆
石首县志	张坦修，成师吕纂	（清）乾隆元年刻本	湖北省博物馆
石首县志	王维屏修，徐佑彦纂	（清）乾隆六十年刻本	故宫博物院图书馆
石首县志	朱荣实纂修	（清）同治五年刻本	湖北省图书馆
石首方志	石首县志纂修委员会	1958 年铅印本	故宫博物院图书馆
景陵县志	李馨修，吴泰纂	（清）康熙七年刻本	湖北省图书馆

续表

书　名	纂修者	版本年代	收藏单位
景陵县志	钱永修,戴祁纂	(清)康熙三十一年刻本	中国国家图书馆
天门县志	胡翼修,章镳纂	(清)乾隆三十年刻本	中国科学院文献情报中心
天门县志	王希琮修,张锡谷纂	(清)道光元年刻本	湖北省图书馆
		(清)同治间重刻本	荆门市档案馆
乾镇驿乡土志	周庆璋编	民国七年修稿本	北京大学图书馆
潜江县志	向大观等纂	(清)康熙十年钞本	中国国家图书馆
潜江县志	刘焕修,朱载震纂	(清)康熙三十三年刻本	湖北省图书馆
		(清)光绪五年传经书院重刻本	武汉市图书馆
潜江县续	史致谟修,刘恭冕纂	(清)光绪五年刻本	湖北省图书馆
潜江县志稿		清末钞本	湖北省图书馆
潜江旧闻	甘鹏云编	民国二十三年刊本	北京师范大学图书馆
沔阳州志	童承叙纂修	民国十五年校刊明嘉靖十年本,上海古籍书店1962年影印天一阁嘉靖本	湖北省图书馆
沔阳州志	王之佐、王浩冲纂修	(清)康熙十二年钞本	中国国家图书馆
沔阳州志	禹殿鳌修,方弘履纂	(清)乾隆四年刻本	中国国家图书馆
沔阳州志	高振元修,杨巨纂	(清)光绪二十年刻本	湖北省图书馆
沔阳州志稿	佚名	钞本	中国国家图书馆
洪湖县志	洪湖县志编纂委员会	1963年铅印本	湖北省博物馆

续表

书　名	纂修者	版本年代	收藏单位
公安县志	梁善修纂，邹廷济补增	（明）成化十六年修，嘉靖二十二年增刻本	中国国家图书馆
荆楚公安县志略	孙锡蕃纂修	（清）康熙元年刻本	中国国家图书馆
公安县志	孙锡蕃纂修	（清）康熙九年刻本	上海图书馆
公安县志	杨之骈纂修	（清）康熙六十年刻本	中国国家图书馆
公安县志	周承弼修，王慰纂	（清）同治十三年刻本	上海图书馆
		民国二十六年重印同治十三年本	南京图书馆
公安县志	佚名	光绪年间钞本	北京师范大学图书馆
松滋县志	屈超乘修，李抡元纂	（清）康熙九年钞本	中国国家图书馆
松滋县志	陈麟修，丁楚琮纂	（清）康熙三十五年刻本	故宫博物院图书馆
松滋县志	吕缙云修，罗有文纂	（清）同治七年刻本	湖北省图书馆
松滋县志	杨传松修，杨洪纂	民国二十六年增补铅印十八年本	北京师范大学图书馆
夷陵州志	刘允修，沈宽纂	（清）弘治九年刻本	天一阁
夷陵州志	鲍孜修，徐同功纂	（清）康熙十年刻本	中国国家图书馆
宜昌府志	聂光銮修，王柏心纂	（清）同治四年刻本	湖北省图书馆
东湖县志	林有席修，严思浚纂	（清）乾隆二十八年刻本	湖北省图书馆
		（清）嘉庆五年修补本	上海图书馆
东湖县志	金大镛修，王柏心纂	（清）同治三年刻本	湖北省图书馆
东湖县志	赵铁公修，屈德泽纂	民国二十年续修铅印本	湖北省图书馆

续表

书　名	纂修者	版本年代	收藏单位
远安县志	安可愿修,黄维清纂	(清)顺治十八年刻本	中国国家图书馆
远安县志	赵广思修,刘子恒纂	(清)咸丰八年刻本	北京大学图书馆
远安县志	郑烽林修,周葆恩纂	(清)同治五年刻本	远安县档案馆
当阳县志	娄肇龙修,栗引之纂	(清)康熙八年刻本	中国国家图书馆
当阳县志	黄仁修,童峦等纂	(清)乾隆五十九年刻本	故宫博物院图书馆
当阳县志	阮恩光修,王柏心纂	(清)同治五年刻本	湖北省图书馆
		民国二十三年重印同治五年铅印本	湖北省博物馆
当阳县补续志	李元才纂修	(清)光绪十五年刻本	湖北省图书馆
		民国二十三年铅印光绪十五年本	湖北省图书馆
当阳玉泉寺志	栗引之纂修	(清)康熙十年刻本	湖北省图书馆
宜都县志	刘显功修	(清)康熙三十六年刻本	中国科学院文献情报中心
		(清)咸丰九年重刻本	湖北省图书馆
宜都县志	崔培元修,龚绍仁纂	(清)同治五年刻本	荆州市图书馆
		民国二十三年补刻同治五年石印本	上海市图书馆
枝江县志	周廷桂修,杨际春纂	(清)康熙九年刻本	湖北省图书馆
枝江县志	王世爵修,钟彝纂	(清)乾隆五年刻本	故宫博物院图书馆
枝江县志	谢丕绩修,李辉元纂	(清)道光八年刻本	上海图书馆
枝江县志	查子庚修,熊文澜纂	(清)同治五年刻本	上海市徐汇区图书馆

续表

书名	纂修者	版本年代	收藏单位
长乐县志	贺世骏纂修	(清)乾隆二十八年刻本	故宫博物院图书馆
长乐县志	李焕春纂修	(清)咸丰二年刻本	湖北省图书馆
长乐县志	龙兆霖增补	(清)同治九年补刻本	湖北省图书馆
长乐县志	郑敦祐再增补	(清)光绪元年增刊同治九年补刻咸丰二年本	武汉大学图书馆
长阳县志	田恩远修,石高嵩纂	(清)康熙十二年刻本	中国国家图书馆
长阳县志	李拔纂修	(清)乾隆十九年钞本	故宫博物院图书馆
长阳县志	朱庭棻修,彭世德等纂	(清)道光二年刻本	湖北省图书馆
长阳县志	陈维谟修,谭大勋纂	(清)同治五年刻本	长阳县档案馆
长阳县志	陈丕显修	民国二十四年手稿本	长阳县档案馆
归州全志	王锡纂修	(明)嘉靖二十八年刻本	天一阁
归州志	郑乔纂修	(明)嘉靖四十三年刻本	天一阁
归州志	张尚儒纂修	(明)万历三十七年刻本	中国国家图书馆
归州志	王景阳修,李毓昌纂	(清)康熙十一年钞本	中国国家图书馆
归州志	曹熙衡原本,曾维道增修	(清)乾隆五十五年钞本	故宫博物院图书馆
归州志	李炘修,陆仲达纂	(清)嘉庆二十二年修,道光二年刻本	湖北省图书馆
归州志	余思训修,陈凤鸣纂	(清)同治五年增刻嘉庆二十二年本	中国国家图书馆

续表

书名	纂修者	版本年代	收藏单位
归州志	沈云骏修,刘玉森纂	(清)光绪八年刻本	湖北省图书馆
归州志	黄世崇纂修	(清)光绪二十七年刻本	湖北省图书馆
兴山县志	伍继勋修,范昌棣纂	(清)同治四年刻本	湖北省图书馆
兴山县志	黄世崇纂修	(清)光绪十年刻本	湖北省图书馆
施南府志	王协梦修,罗得崐纂	(清)道光十四年刻本	北京大学图书馆
施南府志	松林修,何远鉴等纂	(清)同治十年刻本	湖北省图书馆
施南府志续编	王庭桢修,雷春沼纂	(清)光绪十年刻本	湖北省博物馆
施州考古录	郑永禧纂	民国六年铅印本	湖北省图书馆
恩施县志	张家鼎纂修	(清)嘉庆十三年刻本	故宫博物院图书馆
恩施县志	多寿修,朱三恪重修	(清)同治七年刻本	湖北省图书馆
		民国二十六年铅印同治七年本	湖北省博物馆
建始县志	杨兆杏修	(清)嘉庆十七年钞本	中国国家图书馆
建始县志	袁景晖纂修	(清)道光二十二年刻本	中国国家图书馆
建始县志	熊启咏纂修	(清)同治五年刻本	湖北省图书馆
巴东县志	杨培之纂修	(明)嘉靖三十年刻本	天一阁
巴东县志	李光前纂修	(明)万历三十四年钞本	湖北省图书馆
巴东县志	齐祖望纂修	(清)康熙二十二年刻本	故宫博物院图书馆

续表

书　名	纂修者	版本年代	收藏单位
巴东县志	廖恩树修，肖佩声纂	（清）同治五年刻本	湖北省图书馆
		（清）光绪六年补刻本	武汉大学图书馆
鹤峰州志	毛峻德纂修	（清）乾隆六年刻本	故宫博物院图书馆
鹤峰州志	吉钟颖纂修	（清）道光二年刻本	湖北省图书馆
鹤峰州志	徐澍楷纂修	（清）同治六年刻本	湖北省图书馆
鹤峰州志	长庚修，刘棫林纂	（清）光绪十一年刻本	北京大学图书馆
宣恩县志	张金澜修，张金圻纂	（清）同治二年刻本	湖北省图书馆
来凤县志	林翼池修，蒲又洪纂	（清）乾隆二十一年钞本	中国国家图书馆
来凤县志	李勖修，何远鉴纂	（清）同治五年刻本	湖北省图书馆
咸丰县志	张梓修，张光杰纂	（清）同治四年刻本	湖北省图书馆
咸丰县志	徐大煜纂修	民国三年刻本	湖北省图书馆
利川县志稿	何蕙馨修，吴江纂	（清）同治四年刻本	北京大学图书馆
利川县志	黄世崇修纂	（清）光绪二十年刻本	湖北省图书馆
		民国三年补刻本	湖北省图书馆
郧台志	裴应章纂修	（明）万历十八年刻本	中国科学院文献情报中心
郧阳府志	刘作霖修，杨廷耀纂	（清）康熙二十四年刻本	上海图书馆（胶卷）
郧阳府志	王正常纂修	（清）嘉庆二年刻本	湖北省图书馆

续表

书　名	纂修者	版本年代	收藏单位
		(清)道光二年重刻嘉庆本	北京大学图书馆
郧阳志补	王正常修	(清)嘉庆十四年刻本	武汉图书馆
郧阳志	吴葆仪修,王严恭纂	(清)同治九年刻本	湖北省图书馆
		(清)光绪三年增刻同治本	湖北省图书馆
郧县志略	侯世宗纂修	(清)康熙二十二年钞本	中国国家图书馆
郧县志	定熙修,崔浩纂	(清)同治五年刻本	湖北省图书馆
房县志钞	王魁儒纂修	(清)隆乾五十三年钞本	中国国家图书馆
房县志	杨廷烈修,刘元栋纂	(清)同治四年刻本	湖北省图书馆
		民国二十四年翻印本	房县档案馆
竹溪县志	徐京陛纂修	(清)康熙十九年钞本	中国国家图书馆
竹溪县志	李锦源修,顾渭纂	(清)道光七年刻本	中央民族大学图书馆
竹溪县志	陶寿嵩纂修	(清)同治六年刻本	中央民族大学图书馆
均州志	党居易纂修	(清)康熙十二年刻本	中国科学院文献情报中心
		(清)康熙二十八年增刊十二年本	上海图书馆
续辑均州志	马云龙修,贾洪诏纂	(清)光绪十年刻本	湖北省图书馆
大岳太和山志纪略	王槩修	(清)乾隆九年刻本	湖北省博物馆
续修大岳太和山志	熊宾修	民国二十二年石印本	湖北省博物馆

续表

书　名	纂修者	版本年代	收藏单位
竹山县志	贾待聘纂修	（清）康熙二十一年钞本	中国国家图书馆
竹山县志	常丹葵修，邓光仁纂	（清）乾隆五十年刻本	故宫博物院图书馆
竹山县志	范继昌修，张士旦纂	（清）嘉庆十年刻本	中国科学院文献情报中心
竹山县志	陈汝蕃修，黄子遂纂	（清）咸丰九年刻本	中央民族大学图书馆
竹山县志	周士桢修，黄子遂纂	（清）同治四年刻本	湖北省图书馆
郧西县志	冯泰运纂修	（清）康熙二十年钞本	中国国家图书馆
郧西县志	张道南纂修	（清）乾隆三十八年刻本	故宫博物院图书馆
郧西县续志	孔继斡纂修	（清）嘉庆九年刻本	故宫博物院图书馆
郧西县志	程光第修，叶年莱纂	（清）同治五年刻本	湖北省图书馆
郧西县志	郭治平修，陈文善纂	民国二十六年石印本	中国国家图书馆
襄阳郡志	元亮修，张垣纂	上海古籍书店 1964 年影印陕西图书馆天顺本	湖北省图书馆
襄阳府志	聂贤修，曹璘纂	（明）正德十二年刻本	上海图书馆
襄阳府志	吴道迩纂修	（明）万历十二年刻本	中国国家图书馆
襄阳府志	赵兆麟纂修	（清）顺治九年刻本	上海图书馆
襄阳府志	杜养性修，邹毓祚纂	（清）康熙十一年刻本	中国国家图书馆
襄阳府志	陈锷纂修	（清）乾隆二十五年刻本	湖北省图书馆

续表

书　名	纂修者	版本年代	收藏单位
襄阳府志	恩联修,王万芳纂	(清)光绪十一年刻本	湖北省图书馆
襄阳县志	李思启纂修,冯舜臣补辑	(明)万历四十五年刻本	湖北省图书馆
襄阳县志	吴耀斗修,李士彬纂	(清)同治十三年刻本	湖北省博物馆
		民国二年石印同治十三年本	武汉市图书馆
		民国十九年重刊同治十三年本	湖北省图书馆
襄阳金石略	吴庆涛纂修	(清)光绪三十二年刻本	湖北省图书馆
随州志	任德修,颜木纂	(明)嘉靖十八年刻本	中国国家图书馆
随州志	刘霦纂修	(清)康熙六年刻本	中国国家图书馆
随州志	张璇纂修	(清)乾隆五十五年刻本	湖北省图书馆
随州志	文龄修,史策先纂	(清)同治八年刻本	湖北省图书馆
南漳县志集钞	陶绍侃修,胡正楷纂	(清)嘉庆二十年刻本	北京大学图书馆
南漳县志	沈兆元修,胡正楷纂	(清)同治四年增刻嘉庆二十年本	湖北省博物馆
南漳县志	包安保修,向承煜纂	民国十一年石印本	中国国家图书馆
谷城县志	承印纂修	(清)同治六年刻本	中央民族大学图书馆
谷城县志稿	刘德全纂修	民国十五年石印本	中央民族大学图书馆
枣阳县志	甘定遇修,熊天章纂	(清)乾隆二十七年钞本	北京大学图书馆
枣阳县志	陈子饬纂修	(清)咸丰四年刻本	湖北省图书馆

续表

书名	纂修者	版本年代	收藏单位
枣阳县志	张声正修,史策先纂	(清)同治四年刻本	上海图书馆
枣阳县志	梁汝泽修,王荣先纂	民国十二年铅印本	湖北省图书馆
枣阳县乡土志	马伯援修	民国二十一年铅印本	湖北省图书馆
宜城县志	郝廷玺纂修	(明)嘉靖三十三年修四十二年钞本	上海图书馆
宜城县志	胡允庆修,关宁纂	(清)康熙二十二年刻本	故宫博物院图书馆
宜城县志	程启安修,张炳钟纂	(清)同治五年刻本	湖北省图书馆
宜城县续志	李连骑修,姚德华纂	(清)光绪八年刻本	湖北省图书馆
宜城县乡土志	杨文勋纂修	(清)光绪三十二年刻本	中国国家图书馆
保康县志	全国民纂修	(清)康熙间钞本	中国国家图书馆
保康县志	杨世霖纂修	(清)同治五年刻本	中国国家图书馆
		(清)同治十年补刻本	上海图书馆
		(清)光绪五年再补刻本	上海图书馆
光化县志	曹璘纂修	上海古籍书店1964年影印天一阁明正德十年刻本	上海图书馆
光化县志	钟桐山修,段映斗纂	(清)光绪九年刻本	湖北省图书馆
		民国二十三年石印光绪九年本	上海图书馆
湖北省志·地理	湖北省地方志编纂委员会	1997年	湖北省地震局

三、报纸、杂志、档案

名　　称	出版时间	收藏单位
武汉日报	1932年4月7日	湖北省图书馆
	1932年5月9日	
	1934年3月19日	
	1935年8月18日	
壮报(武汉)	1937年8月3日	武汉图书馆
	1937年8月4日	
大汉报(武汉)	1917年3月29日	武汉图书馆
申报(上海)	(清)光绪十一年十月九日	上海图书馆
	(清)光绪十三年十一月七日	
	(清)光绪二十五年二月十日	
	1917年1月26日	
	1917年2月2日	
	1917年2月3日	
	1917年2月23日	
	1917年3月2日	

续表

名　　称	出版时间	收藏单位
	1917 年 3 月 11 日	
	1918 年 2 月 24 日	
	1923 年 9 月 14 日	
时报(上海)	(清)光绪三十一年八月二十四日	上海图书馆
	1914 年 6 月 22 日	
	1917 年 2 月 24 日	
	1917 年 2 月 28 日	
	1917 年 3 月 17 日	
	1918 年 2 月 14 日	
	1918 年 2 月 15 日	
	1918 年 2 月 17 日	
	1932 年 4 月 8 日	
民国日报(上海)	1917 年 2 月 2 日	中国社科院近代史研究所
	1920 年 12 月 22 日	
新闻报(上海)	1934 年 3 月 21 日	上海图书馆
字林西报(上海)	1867 年 3 月 21 日	上海图书馆
	1897 年 1 月 16 日	
	1899 年 3 月 21 日	

续表

名　　称	出版时间	收藏单位
	1917年2月2日	
	1932年4月7日	
	1932年4月18日	
	1932年4月19日	
	1934年3月28日	
中央日报(南京)	1932年4月18日	南京图书馆
新民报(南京)	1932年4月18日	南京图书馆
大公报(北平)	1932年4月7日	中国国家图书馆
世界日报(北平)	1931年3月21日	
	1932年4月7日	
益世报(天津)	1917年2月2日	天津图书馆
盛京时报(沈阳)	1917年2月24日	辽宁省图书馆
群声报(广州)	1934年3月19日	中山大学图书馆
天星日报(香港)	1932年4月19日	
东方杂志(中国大事记)	1917年第十四卷第三号	上海图书馆
	1917年第十四卷第四号	
	1921年第十八卷第二号	

续表

名称	出版时间	收藏单位
	1923年第二十卷第十六号	
	1923年第二十卷第十九号	
	1932年第二十九卷第四号	
国闻周报	1932年第九卷第十四期	上海图书馆
	1932年第九卷第十六期	
地学杂志	1917年第八、九合期	上海图书馆
	1922年第八、九合期	
人文月刊	1932年第三卷第四期	上海图书馆
科学画报	1937年第五卷第三期	上海图书馆
申报年鉴	1933年	上海图书馆
南通军山气象台报告	1917年第一季度	中国第二历史档案馆
北洋政府农商公报	1917年第三十五期	中国第二历史档案馆
鹫峰地震研究室地震专报（英文）	1932年第二卷第一号	上海图书馆
四川地震战线	1979年第四期	湖北省地震局
地壳形变与地震	1981年第二期	湖北省地震局
	1982年第四期	
工程地质学报	2009年第二期	湖北省地震局

四、调查报告、资料

名　　称	责　任　者	完成时间	收藏单位
武汉地区地震调查综合资料·麻城县调查资料	中南区武汉地震调查工作组麻城分组	1954 年	湖北省地震局
武汉地区地震调查综合材料·鄂城县调查资料	中南区武汉地震调查工作组麻城分组	1954 年	湖北省地震局
关于蒲圻县地震调查报告		1954 年	
宜都潘家湾地震调查报告	中国科学院地球物理研究所,三峡区工作指挥部三峡地震台	1961 年	湖北省地震局
1964 年 9 月 5 日湖北两郧地震调查报告		1965 年	
一九六九年六月八日湖北郧西地震宏观调查概况	中国科学院中南大地构造研究室革委会,丹江地震队	1969 年	湖北省地震局
钟祥、保康地震宏观调查初步报告	长江流域规划办公室等编	1969 年	湖北省地震局
一九六九年元月二日钟祥、保康地震宏观调查初步报告	长江流域规划办公室等编	1969 年	湖北省地震局
潘家湾地震区外围断裂构造调查小结		1970 年	

续表

名称	责任者	完成时间	收藏单位
湖北省麻城1932年地震调查报告		1971年	
1971年6月17日远安地震宏观调查概况		1971年	
7月14日远安地震在钟祥地区影响情况汇报		1971年	
1971年7月14日远安地震宏观调查概况		1971年	
1971年10月20日谷城地震震害简况		1971年	
1972年3月13日秭归3.6级地震情况调查	秭归县革命委员会科技组，长办五〇五工地三峡地震台网，国家地震局武汉地震大队	1972年	湖北省地震局
1972年4月3日光化县林茂山地震宏观调查小结	国家地震局武汉地震大队	1972年	湖北省地震局
1972年9月12日广济地震调查报告		1972年	
1971年10月20日谷城地震资料分析	武汉地震大队地震前兆队	1973年	湖北省地震局
湖北省广济地震前兆情况总结	国家地震局武汉地震大队	1973年	湖北省地震局
1973年10月10日荆门—钟祥地震宏观调查概况	国家地震局武汉地震大队荆门—钟祥地震调查组	1973年	

续表

名称	责任者	完成时间	收藏单位
湖北嘉鱼县地震调查报告	湖南省地震队,武汉地震大队	1974年	湖北省地震局
1974年8月31日远安县洋坪公社双路3.3级地震调查报告	长办五〇五工地地震地质队	1974年	湖北省地震局
秭归长阳部分地区地裂、滑塌与地震调查报告	长办五〇五工地,武汉地震大队	1975年	湖北省地震局
恩施县大山顶陷落地震调查报告	国家地震局武汉地震大队	1975年	湖北省地震局
再考蒲圻地震		1977年	
论鄂西南地区地震地质条件	甘家思,等	1977年	
丹江口水库区3.8级地震调查报告		1977年	
秭归龙会观5.1级地震宏观调查报告	湖北省地震局	1979年	湖北省地震局
秭归—兴山观5.1级地震宏观调查报告	湖北省地震局	1979年	湖北省地震局
宜都县潘家湾公社山峰大队地裂调查	宜昌地区科委,宜都县科委,长办三峡区勘测大队地震地质队	1979年	见:湖北省地震局.湖北省地震工作经验汇编,1981.
关于七九、八〇两年来西陵峡岩崩调查的情况报告	湖北省革命委员会西陵峡岩崩调查工作处编	1980年	湖北省地震局
远安县盐池磷矿山崩原因的初步分析	李祖武,盐池河山崩联合调查组	1980年	湖北省地震局
岩崩调查情况简报		1980年	

续表

名称	责任者	完成时间	收藏单位
房县历史地震调查报告		1981 年	
郧西历史地震调查报告		1981 年	
1981 年 7 月 5 日当阳峡口地震宏观考察报告		1981 年	
宜昌、远安、当阳峡口地震宏观考察	湖北省地震局	1981 年	湖北省地震局
秭归县新滩广家崖岩崩调查报告		1981 年	
1981 年西陵峡岩崩调查工作情况报告	湖北省西陵峡岩崩调查工作处	1981 年	湖北省地震局
郧县细峪公社胜利一队山裂情况调查	郧阳地区地震办公室	1981 年	见：湖北省地震局.湖北省地震工作经验汇编，1981.
湖北郧西安家公社松树沟地震考察报告	国家地震局地震研究所	1982 年	湖北省地震局
长江西陵峡北岸新滩黄岩地区稳定性调查研究报告	长江流域规划办公室	1982 年	湖北省地震局
广家崖危岩体崩塌简报		1982 年	
1856 年湖北咸丰县大路坝地震考察	刘锁旺，丁忠孝，张俊山	1981 年	见：《地壳形变与地震》，1981(2)：71～83.
湖北荆门罗集地震宏观调查报告	湖北省地震局	1983 年	湖北省地震局

续表

名　称	责　任　者	完成时间	收藏单位
关于马良坪山坡滑动及地裂缝的情况调查报告		1983年	
1985年1月13日钟祥地震宏观考察报告		1985年	
1985年9月14日郧西地震宏观调查报告		1985年	
1856年湖北咸丰大路坝地震研究报告	刘锁旺,李愿军,甘家思,等	1987年	中国地震局地质研究所
1856年湖北咸丰大路坝地震	刘锁旺,丁忠孝,李愿军,等	1988年	全国首届历史地震学术讨论会论文
1856年6月10日湖北咸丰$6\frac{1}{4}$级地震	湖北省地震局课题组	2009年	
湖北省历史地震续考与震例简析	甘家思,蔡永建,郑水明,等	2015年	武汉地震工程研究院
业务动态·19	国家地震局地震研究所科技处	1985年	
湖北省地震目录及地震台网观测报告(1959—1979)	湖北省地震局分析预报室,长办三峡区勘测大队地震地质队	1982年	
湖北省地震目录及地震台网观测报告(1980—1985)	湖北省地震局分析预报室测震组	1986年	

五、参考书籍

书名	编著者	版本年代
中国地震资料年表	范文澜	科学出版社 1956 年
中国地震目录	李善邦	科学出版社 1960 年
中国地震目录	中央地震工作小组办公室	科学出版社 1971 年
中国地震简目	国家地震局	地震出版社 1977 年
两千年中西历对照表	薛仲三、欧阳颐	生活·读书·新知三联书店 1956 年
中国历史中西历对照表	李佩钧	云南人民出版社 1957 年
二十史朔闰表	陈垣	中华书局重印 1978 年
中国古今地名大辞典	臧励和等	商务印书馆 1930 年
辞海(历史地理)	辞海编辑委员会	上海辞书出版社 1978 年
中国历史地图集	中国历史地图集编辑室	中华地图学社 1975 年
元和郡县志	(唐)李吉甫	中华书局 1983 年
太平寰宇记	(宋)乐史	商务印书馆 1937 年
舆地广记	(宋)欧阳忞	清光绪年间刻本
读史方舆纪要	(清)顾祖禹	商务印书馆 1955 年
舆地记	湖北舆图局	清光绪二十年刊印

续表

书名	编著者	版本年代
水经注	(北魏)郦道元	清光绪三年崇文刊本
水经注疏	(清)杨守敬	科学出版社 1955 年
水经注校	王国维	上海人民出版社 1984 年
蜀水考	(清)陈登龙	巴蜀书社 1985 年
中国历史强震目录(公元前 23 世纪—公元 1911 年)	国家地震局震害防御司	地震出版社 1995 年
湖北地震志	湖北地震志编委会	地震出版社 1990 年
湖北省志·地理	湖北省地方志编委会	湖北人民出版社 1997 年
湖北省地震监测志	湖北省地震局	地震出版社 2005 年
湖北省地震志	湖北省地震志第二卷编委会	湖北人民出版社 2008 年
汉江流域地理调查报告	中科院地理研究所,水利部长江水利委员会汉江工作队	科学出版社 1957 年
1856 年黔江、咸丰间 $6\frac{1}{4}$ 级地震//四川活动断裂与地震	黄伟	地震出版社 1993 年
地震或山崩　堰成“小南海”——1856 年 6 月 10 日湖北咸丰 $6\frac{1}{4}$ 级地震//中国近现代重大地震事件考证(上卷)	张丽芬,等	地震出版社 2016 年
重庆地震研究暨《重庆 1∶50 万地震构造图》	丁仁杰,李克昌,等	地震出版社 2004 年

修订说明

本书1986年由地震出版社出版，经遴选现收入《荆楚文库》。受湖北省地震局指派，湖北省地震文献信息中心承担了本书的修订工作。

主要修订内容有：

一、审读原著，核查存疑，订正原著文字印刷错漏多处。

二、为使图片清晰、准确，通过查阅史料找到较清晰的原始考察图片7幅；由专家提供相似场景图片2幅；补充现场考察，更换相同场景图片4幅，更正了原著中的一些图片注记错误。图片未署名者，遵原版。

三、修订地名。对名称有变的地名（包括县改市的称谓变化等），按现行政区划修订；对古今同一地名所指有变者，如归州、蕲州、随州等，据典籍记载所指补注。

四、反映历史地震史料汇考重要进展。如，补充了1856年咸丰大路坝地震汇考成果，根据评审专家意见修订了震级和震中烈度。

五、补充完善近、现代文献50余条。引文计量单位、数字用法等遵原著。人物著录依《荆楚文库》体例。

本书由华中科技大学出版社组织修订，湖北省地震文献信息中心丁世念、李大为同志组织协调。此次修订工作得到了湖北省地震局（中国地震局地震研究所）领导的大力支持。

本书是在第1版的基础上修订完成的。因初版主编熊继平先生已故，修订工作由湖北省地震文献信息中心饶扬誉主持，黄清、付燕玲等参与修订。

本书修订过程中得到了甘家思、柳建乔、韩晓光、张丽芬等同志的热心帮助,在此表示诚挚的感谢!

因水平所限,错误和不当之处在所难免,敬请读者和专家批评指正。

修订者

2017年6月5日